架空输电线路多光谱联合巡检技术

夏彦卫　臧谦　主编

中国电力出版社
CHINA ELECTRIC POWER PRESS

内容提要

我国输电线路长度已突破百万千米，输电设备长期经受各类环境的侵蚀，造成设备缺陷，由此引发的设备故障也时有发生，对电网的安全可靠运行造成很大的危害。为提高日常巡检中输电设备缺陷的检出率，结合现今常用的多光谱巡检手段，本书从多光谱巡检原理、应用实际等方面较为系统地阐述了输电设备缺陷识别方法，并与无人机巡检技术相结合，介绍了机载多光谱联合巡检方案及思路。

本书注重输电线路多光谱巡检的实用性，可为输电线路运行维护、科研人员提供技术参考，也可作为电力无人机服务厂家产品开发参考用书。

图书在版编目（CIP）数据

架空输电线路多光谱联合巡检技术/夏彦卫，臧谦主编．—北京：中国电力出版社，2023.5

ISBN 978-7-5198-7623-4

Ⅰ．①架…　Ⅱ．①夏…　②臧…　Ⅲ．①无人驾驶飞机－应用－架空线路－输电线路－巡回检测　Ⅳ．①TM726.3

中国国家版本馆 CIP 数据核字（2023）第 042481 号

出版发行：中国电力出版社
地　　址：北京市东城区北京站西街 19 号（邮政编码 100005）
网　　址：http://www.cepp.sgcc.com.cn
责任编辑：孙　芳（010-63412381）
责任校对：黄　蓓　朱丽芳
装帧设计：赵姗姗
责任印制：吴　迪

印　　刷：三河市万龙印装有限公司
版　　次：2023 年 5 月第一版
印　　次：2023 年 5 月北京第一次印刷
开　　本：787 毫米×1092 毫米　16 开本
印　　张：7.75
字　　数：129 千字
印　　数：0001—1000 册
定　　价：40.00 元

编 委 会

主　编　夏彦卫　臧　谦

副主编　曾四鸣　刘　杰　丁立坤

编　委　庞先海　徐亚兵　贾伯岩　刘宏亮

殷庆栋　高树国　孙翠英　张佳鑫

吴国强　佘　凯　伊晓宇　王怡欣

郑雄伟　张志猛　王红军　陈二松

崔延平　索　振　刘海峰　徐洪福

赵振华

前言

架空输电线路是电网输电的主要载体，主要由杆塔、导线、架空地线、绝缘子、金具等元件组成。输电元件在运行过程中长期经受电场、温度、污秽、载荷、大风、覆冰等恶劣环境侵蚀，造成设备本体运行状态不断劣化，甚至引发倒塔、断线、掉串等恶性事故。但是，传统输电线路巡检以人工观察为主，仅能发现部分外表可见设备缺陷，造成线路本体“带病运行”，严重时甚至引起导线断线、绝缘子掉串等事故。因此，如何快速发现输电设备缺陷成为电力行业高度关注的问题。

各国研究机构及学者对输电设备缺陷检测技术进行了大量的研究，探索输电设备缺陷的检测方法，并逐渐形成了以可见光观察、红外测温和紫外放电检测为主的巡检手段。我国幅员辽阔，输电线路长度突破百万千米，线路电压等级涵盖交流 110~1000kV、直流 400~1100kV，线路规模居世界首位。为满足如此庞大规模输电设备缺陷的检测需求，国内相关科研、运行单位在多光谱巡检原理、巡检策略等方面开展了大量的研究工作，颁布了多项符合现今技术发展现状和我国国情的标准规范。同时，随着人工智能技术的迅速发展，国家电网和南方电网大力推行直升机、无人机、机器人等智能化巡检手段，并探索出与之相结合的多光谱巡检策略，大大提升了输电设备缺陷检出率。

本书结合现场实际工作经验，吸取了国内外在多光谱巡检的科研、现场应用经验，对多光谱巡检原理、现场实际应用情况、无人机自主巡检、机载多光谱联合巡检等方面进行了系统介绍，并参考了电网企业、科研院所、设备制造厂商、高等院校的诸多研究和实践成果，以期对输电线路运行技术人员及科研人员有所帮助。

由于时间仓促及编者水平所限，本书所阐述的观点肯定有不当之处，不妥和错误之处在所难免，恳请广大读者批评指正。

编　者

2023 年 2 月

目录

1

绪　论

1.1 输电线路发展历程

1.1.1 输电网络的基本概念

电力系统是由发电、输电、配电、用电等环节组成的电能生产、传输、分配和消费的系统。电网网架主要包括输电网和配电网。输电网的功能是将发电厂发出的电力送到消费电能的地区，或进行相邻电网之间的电力互送，形成互联电网。配电网的功能是接收输电网输送的电力，然后进行再分配，输送到城市和农村，进一步分配和供给工业、农业、商业、居民以及有特殊需要的用电部门。

根据电力输送和供给方式，可以分为交流输配电和直流输配电两大类方式。

（1）交流输配电方式由升压变电站、降压变电站（包括一次设备和二次设备）及其相连的输电线路完成。输变电设备连接起来构成输电网，配变电设备连接起来构成配电网。

（2）直流输电方式由直流输电线路和换流站的各种设备（包括一次设备和二次设备）实现。变电设备有变压器、电抗器、电容器、断路器、接地开关、隔离开关、避雷器、电压互感器、电流互感器、母线等一次设备，以及继电保护、监视、测控、电力通信系统等二次设备。输电设备主要有导线、杆塔、绝缘子串、地线（含光纤）等。直流设备有换流阀、换流变压器、平波电抗器、直流滤波器、直流隔离开关、接地开关、旁路开关、直流断路器、直流测量装置、直流避雷器等。

输电网电压等级一般分为高压、超高压和特高压。国际上对于交流输电网，高压（HV）通常指 35kV 及以上、220kV 及以下的电压等级；超高压（EHV）通常指 330kV 及以上、1000kV 以下的电压等级；特高压（UHV）指 1000kV 及以上的电压等级。对于直流输电，超高压通常指±500（±400）、±660kV 等电压等级；特高压通常指±800kV 及以上电压等级。

我国已形成了 1000/500/220/110（66）/35/10/0.4kV 和 750/330（220）/110/35/10/0.4kV 两个交流电压等级序列，以及±500（±400）、±660、±800kV、±1100kV 直流输电电压等级。我国的高压电网是指 110kV 和 220kV 电网；超高压电网是指

330、500 和 750kV 电网；特高压电网是指以 1000kV 交流电网为骨干网架，特高压直流系统直接或分层接入 1000/500kV 的输电网。

1.1.2 输电网络发展历程

1875 年，法国巴黎建成世界上第一座火力发电厂，标志着电力时代的到来。1882 年，爱迪生在纽约建成世界上第一座商用发电厂（装机容量为 660kW，采用 1.6km，110kV 直流电缆输电），标志着电力成为一种商品。发明家尼古拉·特斯拉发明了交流电技术。1885～1886 年，西屋公司建成了第一个交流输电系统，1895 年又建成了 35km 的尼亚加拉大瀑布电厂至布法罗输电线路，实现了电力通过输电线路较远距离的传送，克服了电力工业发展所面临的技术障碍。

根据电压等级、电网规模、发电机组单机容量和运行技术是电网发展的几个最突出特征，将电网的发展划分为如下阶段：

19 世纪末至 20 世纪中期，电力工业经过数十年的发展，形成了以交流发电和输配电技术为主导的电网，然而直到第二次世界大战结束，都属于初级阶段。该阶段单机容量不超过 200MW，交流输电占主导，输电电压较低，最高为 220kV；电网规模以城市电网、孤立电网和小型电网为主，规模不大；运行技术处于起步阶段，电网故障并导致停电属常规性事件。

1895 年建成 35km 的尼亚加拉大瀑布电厂至布法罗输电线路，确定了交流输电的主导地位。

1916 年，美国建成第一条 132kV 线路，1923 年建成 230kV 线路，1937 年建成 287kV 线路。

1932 年，苏联第聂伯水电站投产，单机容量达到 62MW；1934 年，美国大古丽水电站投产，单机容量达 108MW。

中国有电的历史几乎与国际同步。1879 年，上海公共租界点亮了中国第一盏电灯，1882 年在上海创办了中国第一家公用电业公司——上海电气公司，从此中国翻开了电力工业的第一页。但在 1949 年前中国电力工业发展缓慢，与世界电力工业相比落后很大。

1908 年建成石龙坝水电站—昆明 22kV 线路；

1921 年建成石景山电厂—北京城区 33kV 线路；

1933 年建成抚顺电厂—鞍山 154kV 线路；

1943 年建成镜泊湖水电厂—延边 110kV 线路。

除东北地区有一部分 154kV 输电线路外，京津唐地区最高电压为 77kV，上海地区最高电压为 33kV。

第二次世界大战后，从 20 世纪中期到 20 世纪末，电网规模不断扩大，形成了大型互联电网；发电机组单机容量达到 300～1000MW；建立了 330kV 及以上的超高压交直流输电系统。

1952 年，瑞典首先建成 380kV 超高压输电线路，全长 620km，输送功率 450MW，将北部哈尔斯波兰特水电站电力送往南部。

1954 年，美国建成 345kV 线路，将哥伦比亚河流域水电送出。

1954 年，瑞典本土和哥特兰岛之间建成电压为±100kV、额定功率为 20MW、线路为 96km 海底电缆的直流工程，采用汞弧阀换流技术，这是世界上第一个工业性的高压直流输电工程。

1956 年，苏联从古比雪夫到莫斯科的 400kV 线路投入运行，全长 1000km，并与 1959 年升压至 500kV，为世界上首次使用 500kV 输电。

1965 年，加拿大首先建成 735kV 线路，将马尼夸根河和奥塔得河上的水电联合向魁北克市和蒙特利尔地区输送。

1972 年，加拿大依尔河直流背靠背工程建成，这是世界上首个全部采用晶闸管阀的直流输电工程，直流电压为 80kV，额定容量为 320MW。

1985 年，苏联建成哈萨克斯坦火电基地向欧洲输电的 1150kV 工程，后因苏联解体、线路雷击跳闸率过高而分段降压运行。

1949 年新中国成立后，统一了电压等级，逐渐形成电压等级序列。1952 年以自己的技术建设了 110kV 线路，逐渐形成京津唐 110kV 输电网。

1954 年，建成丰满—李石寨 220kV 线路，之后继续建设了辽宁电厂—李石寨、阜新电厂—青堆子等 220kV 线路，迅速形成东北电网 220kV 骨干网架。

1972 年建成刘家峡—天水—关中 330kV 线路，以后逐渐形成西北电网 330kV 骨干电网。

1981 年建成姚孟—双河—武昌凤凰山 500kV 线路。为适应葛洲坝水电站送出工程的需要，1983 年又建成葛洲坝—武昌和葛洲坝—双河两回 500kV 线路，形成华中电网 500kV 骨干网架，华北、华东、东北、南方也相继形成 500kV 骨干网架。

1989 年建成葛洲坝—上海±500kV 直流线路，实现了华中—华东两大区的直流联网。

2005 年 9 月，中国第一个 750kV 输变电工程于 2007 年底建成，拉西瓦水电站送出工程于 2008 年初建成，并逐步形成西北地区 750kV 骨干网架。

2008 年 12 月，1000kV 晋东南—南阳—荆门特高压交流试验示范工程试运行，实现了华北与华中特高压跨区联网。其扩建工程于 2011 年 12 月完成，实现了单回线路稳定输送 5000MW 的目标。

2010 年，新疆与西北主网通过 750kV 线路实现联网。

2011 年底，青藏电力联网工程竣工投运。

2010 年建成向家坝—上海±800kV 特高压直流输电示范工程、云南—广东±800kV 特高压直流输电工程。2012 年建成锦屏—苏南±800kV 特高压直流输电工程。

1978 年以来，中国经济社会的快速发展带动了用电需求持续增长，为满足电源大规模投产和用电负荷增长的需要，电网规模不断扩大，从城市小电网、省级电网、区域电网，再逐步发展到全国联网（未含台湾）。20 世纪 80 年代，香港、澳门地区与南方电网联网，20 世纪 90 年代末至 21 世纪初，以三峡工程建设为契机，全国联网进程不断加快，促成了华中电网与华东电网、华中电网与南方电网互联，同时东北电网与华北电网、华中电网与华北电网、华中电网与西北电网也实现了联网。川渝、山东、福建、海南等独立省网并入区域电网。截至 2013 年 9 月底，中国形成了华北—华中电网、华东电网、东北电网、西北电网、南方电网、西藏电网六个同步电网，实现了除台湾外的全国联网。

1.1.3 特高压输电发展历程

（1）特高压发展动因。特高压输电包括特高压交流输电和特高压直流输电，交流输电和直流输电的功能和特点各不相同。交流输电主要用于构建坚强的各级输电网络和电网互联的联络通道，中间可以落点，电力的接入、传输和消纳十分灵活，是电网安全运行的基础；交流电压等级越高，电网结构越强，输送能力越大，承受系统扰动的能力越强。两端直流输电系统中间没有落点，难以形成网络，更适用于大容量、远距离点对点输电；多馈入、大容量直流输电系统必须有稳定的交流电压才能正常运行，需要依托坚强的交流电网才能发挥作用，保证电网安全稳定运行。

世界范围内许多国家和地区都存在能源资源和负荷中心不均衡的情况，即用电负荷中心地区经济发展快，用电负荷大且用电需求快速增长，却往往比较缺乏一次能源，而一次能源蕴涵丰富的地区用电增长相对较慢或总体用电水平较低。这种能源和负荷不均衡既是由能源资源的地理分布所决定的，也是由社会经济发展的历史原因所形成的，客观上要求实现电力大规模、远距离、高效率输送。

中国能源资源的总体分布规律是西多东少、北多南少，能源资源与负荷中心分布不均衡的特征明显。中国正处于经济快速增长的关键时期，电力需求将持续较快增长，需求重心也将长期位于东中部地区，而煤炭资源开发正逐步西移、北移，水能资源的开发正向西南地区转移，风能、太阳能等新能源资源也主要分布在西部、北部地区，未来能源流规模和距离将进一步增大，面临大规模、远距离、高效率电力输送的挑战。大型能源基地与东中部负荷中心之间距离达到 1000～3000km，超出传统超高压输电线路的经济输送距离。电力生产和消费地区不均衡的情况将更为突出，电力输送压力日益加剧，迫切要求实现经济高效的大规模送出和大范围消纳。

与超高压输电技术相比，特高压输电技术具有输送容量大、距离远、效率高的特点，可以满足大容量、远距离的跨区输电要求。特高压输电为推动清洁能源发展与煤电布局优化，在全国范围内优化配置能源、环境等资源，带来多方面的环境效益。未来很长一段时间，中国能源消费将仍以煤炭为主，煤电在全国电源结构中仍将保持较高比例，发展特高压电网促进了水电、风电等清洁能源跨区外送，降低了东北、华北、西北地区弃风比例，减少西南水电弃水，从而减少了化石能源消费及污染物排放，具有显著的环保效益。

同时土地资源是人类赖以生存和发展的物质基础，随着人口的不断增长，城市建设、交通等用地不断增加，土地资源紧张的形势日益严峻，特高压输电大量节省了输电走廊，显著提高单位走廊宽度的输送容量和线路走廊的输电效率，利用西部、北部价值较低的土地资源建设电厂，代替东中部建厂的土地占用，提高了土地资源的整体利用效率。

（2）国际特高压输电发展历程。在国际上，为实现规模经济、降低网损，避免输电设备的重复容量，确保电力系统可靠性，降低输电线路对输电造成的影响，美国、日本、苏联、意大利等于 20 世纪 60 年代末或 70 年代初根据各国电力发展需要开始进行特高压输电的可行性研究。

苏联是世界上最早建设特高压交流输电工程的国家。苏联的西伯利亚地区水力资源丰富，且蕴藏大量煤炭，苏联约80%以上的发电一次能源集中在东部地区，而其电力负荷中心却位于欧洲部分。从1960年起，苏联组织动力电气化部技术总局、全苏电气研究院、列宁格勒直流研究院、全苏线路设计院等单位进行特高压输电的基础研究。从1973年开始，苏联在白利帕斯变电站建设了长1.17km的特高压三相试验线段，通过一组1150/500/10kV，3×417MVA自耦变压器供电，开展特高压输电技术研究，进行了设备的绝缘、操作过电压、可听噪声、无线电干扰、变电站内电场、设备安装、运输和检修等方面的广泛试验。1978年开始建设从伊塔特到新库涅茨克长270km的工业试验线路，并进行了各种特高压输电设备的现场考核试验，同时还建设了拥有3×1200kV，10～12A串级试验变压器和1000kV冲击发生器的特高压试验基地。从1980年开始着手建设连接西伯利亚、哈萨克斯坦和乌拉尔联合电网的1150kV特高压交流输电工程，将东部地区的电能送往乌拉尔和欧洲部分的负荷中心，工程于1985年正式按额定电压带负荷运行，后因技术缺陷降压运行。

日本于1972年启动了特高压输电技术的研究开发计划。以日本电力中央研究所为核心，完成盐原、赤诚等特高压试验研究基地的建设，并利用盐原试验场的户外试验装置和特高压雾室进行了杆塔空间间隙和绝缘子串的试验研究，为输电线路的设计取得了有用的技术资料。1988年开始建设计划向东京送电的1000kV特高压输电线路，线路全长426km，目前降压500kV运行。1995年特高压成套设备在新榛名变电站特高压试验场进行带电考核。

意大利电力公司在确立了1000kV的研究计划后，从1971年起在不同的试验站和试验室进行特高压输电技术的研究和技术开发。1984年，意大利开始建设特高压输电试验工程，1995年10月建成投运，至1997年12月，在1050kV系统额定电压（标称电压）下试验运行了两年多时间，取得了一定的运行经验。

加拿大魁北克水电局高压试验时进行了额定电压达1500kV的输电系统设备试验。乌克兰也是世界上少数具有开发超/特高压设备能力的国家之一，其扎布罗热变压器研究所的主要工作包括开展科研设计工作、开发新产品、设计工装设备及研究生产工艺、制造样品和少量产品、电气设备试验、研究并提出国家标准、产品认证和咨询服务。

多年来世界各国开展的一系列特高压输电关键技术和设备制造研究探索工

作。苏联、日本等国后期由于用电负荷增长缓慢，对大容量、远距离输电的需求减弱，从而导致特高压输电工程暂时搁置或延期，或降压运行，而美国和意大利等国多是由于技术储备的需求，而不是实际负荷的需要。

（3）中国特高压交流输电发展及现状。中国自1986年起就开展了“特高压交流输电前期研究”项目，开始对特高压交流输变电项目进行研究，1990～1995年开展了“远距离输电方式和电压等级论证”，1990～1999年就“特高压输电前期论证”和“采用交流百万伏特高压输电的可行性”等专题进行了研究。中国的特高压发展先后经历了技术突破、规模化建设和完善提升等3个发展阶段。技术突破阶段以试验示范工程、试验示范工程扩建工程、皖电东送工程为标志，重点是技术研发；规模化建设阶段以浙北—福州、淮南—南京—上海、平圩电厂三期送出、锡盟—山东、蒙西—天津南、榆横—潍坊等一批工程为标志，重点是检验技术成熟度、批量设备稳定性和规模化建设能力；完善提升阶段则包括其后的锡盟—胜利、直流配套以及电源接入等工程，重点是网架的完善、特高压输电技术和建设管理水平的提升。

2009年1月，我国自主研发、设计和建设的百万伏交流输变电项目晋东南—南阳—荆门特高压试验示范工程正式建成投运，该工程为我国首个特高压交流试验示范工程，于2006年年底开工建设。工程北起山西的晋东南变电站，经河南南阳开关站，南至湖北的荆门变电站，线路全长640km，变电容量2×300万kVA，连接华北、华中电网，横贯山西、河南、湖北三省，充分利用充足的山西煤电、湖北水电资源，形成南北互济的跨区域经济协调发展。该示范工程取得多项研究成果，标志着我国已全面掌握了特高压交流输电技术，并在一些关键技术领域实现了创新和突破。

2014年12月，浙北—福州特高压工程正式投运，该工程是华东特高压交流主网架的重要组成部分，也是福建省实现大容量跨省联网的重大项目。起于浙江浙北变电站，止于福建福州变电站，变电容量18GVA，全线为双回路架设，全长2×603km，工程在穿越“两江一湖”等走廊紧张路段采用1000km同塔架设，在极为有限的输电走廊范围内，将输电能力提升4～5倍，大幅提高了浙江省内南北电力交换能力，有效提升沿海核电群应对突发事故的能力。

2019年9月，淮南—南京—上海1000kV交流特高压输变电工程苏通GIL综合管廊工程正式贯通，是全球首条特高压穿越长江综合管廊，是世界上电压等级最高、输送容量最大、技术水平最高的超长距离 GIL 创新工程，被称为“万里长江第一廊”。工程起于北岸（南通）引接站，止于南岸（苏州）引接站，隧道长 5468.5m，盾构直径 12.07m，是穿越长江的大直径、长距离过江隧道之一。隧道最低点标高−74.83m，最大水土压力达到 9.8 巴，是目前国内埋深最深，水压力最高的电力越江隧道。图 1-1 为苏通 GIL 综合管廊断面图。

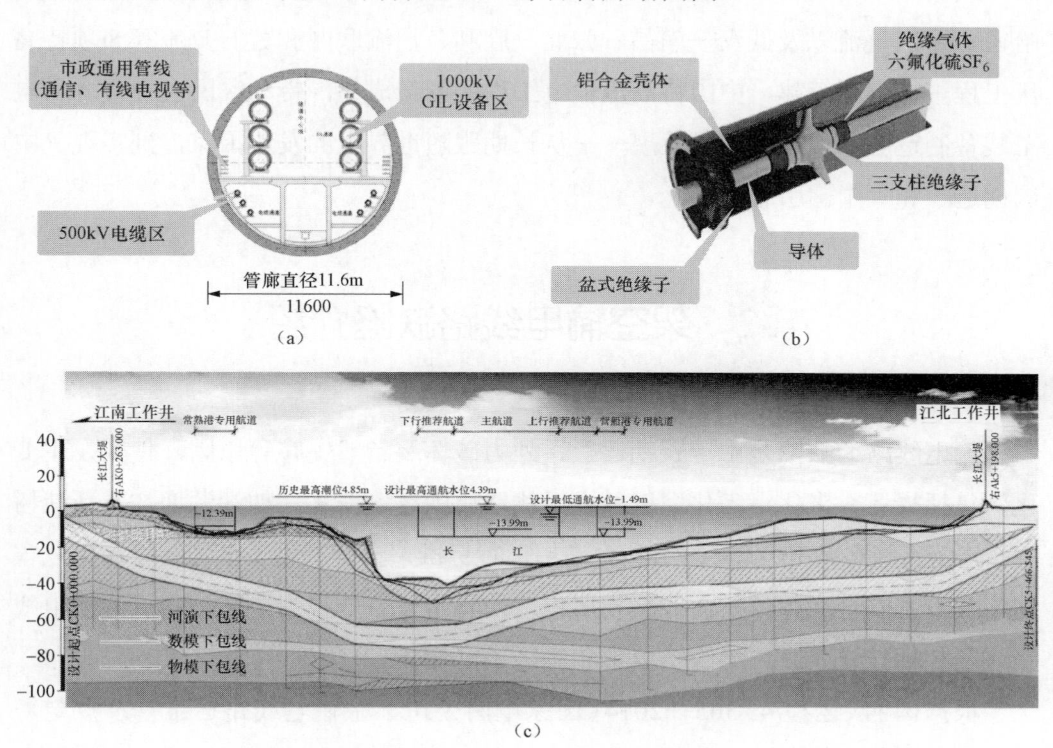

（a）　　（b）

（c）

图 1-1　苏通 GIL 综合管廊断面图

（a）管廊横断面；（b）特高压 GIL 部件；（c）管廊纵断面

2020 年 8 月，张北—雄安 1000kV 特高压交流输变电工程正式投入运行。起自张家口张北特高压变电站，止于保定雄安特高压变电站，途径张家口市张北县、万全区、怀安县、阳原县、蔚县，保定市涞源县、易县、徐水区、定兴县，线路全长 2×315km，横跨燕山、太行山脉，沿线丘陵和山地占比高达 66.6%。工程将张北 500kV 开关站升压扩建为 1000kV 变电站，扩建雄安 1000kV 特高压变电站，新建铁塔 792 基，总投资约 59.82 亿元，于 2019 年 4 月 29 日全面开工建设，2020 年 7 月 21 日实现全线贯通。张北—雄安特高压输电线路是保障北京冬奥场馆 100%用上清洁电能的重要输电工程，每年为雄安新区输送 70 亿 kWh 以上的清洁能源。

截至 2021 年年底，我国已累计建成 31 项工程，在华北、华东、华中地区初步建成了特高压交流电网骨干网架，国家电网成为全球输电距离最远、能源资源配置能力最强的电网，有力支撑电力可靠供应。2022 年年初，福州—厦门、驻马店—武汉 2 项特高压工程建设开工，工金上—湖北、陇东—山东、宁夏—湖南、哈密—重庆直流以及武汉—南昌、张北—胜利、川渝联网和黄石交流等 8 项特高压工程正在谋划筹建。中国特高压输电工程的创新成果，带动我国电力技术和电工装备制造业实现了跨越式发展——从长期跟随世界上的发达国家，到实现“中国创造”和“中国引领”。

1.2 架空输电线路缺陷介绍

输电线路的缺陷是由于长期运行、外力破坏及自然灾害等原因，使其发生变化，包括损坏、老化、劣化，以及由于线路周围环境变化（如污源增加、新栽树木、建筑房屋等），使线路达不到允许的运行标准，改变了设备性能。将这种危害线路及设备安全运行或扩大线路损坏程度的异常现象均视为缺陷。常见的输电线路缺陷包括导线断股、绝缘子爆裂和绝缘子污秽等。

根据国网（运检/4）305—2014《国家电网公司架空输电线路运维管理规定》，国家电网的架空线路设备缺陷管理系统规定了 878 种缺陷，分为基础、杆塔、导地线、绝缘子、金具、接地装置、通道环境、附属设施 8 大类。其中，有部分缺陷的内容相同，但根据程度不同被分为 3 种不同危害等级的缺陷（如绝缘子自爆缺陷根据损坏程度不同，分为一般、严重、危急 3 种性质的缺陷），对这类缺陷进行整合，共统计出 499 种不同缺陷内容的缺陷类型，分布如表 1-1 所示。

表 1-1　　线路巡检常见缺陷统计

缺陷类型	基础	杆塔	导地线	绝缘子	金具	接地装置	通道环境	附属设施
类型数量（项）	34	146	35	83	111	15	17	58

从缺陷类型分布来看，杆塔、绝缘子、金具 3 个大类缺陷类型较多，主要原因在于这 3 大类涉及的设备种类多，以数量最多的杆塔类缺陷为例，涉及角钢塔、钢管塔、钢管杆、砼杆和大跨越塔 5 种类型的杆塔，每种杆塔有 5～8 个部件（如塔身、横担、拉线等），每个部件又有多种类型缺陷。

根据缺陷产生的特点，可将缺陷划分为 4 种类型，即部件本体缺陷、部件连接缺陷、部件缺失缺陷和距离类缺陷。

（1）部件本体缺陷即由电力部件本体损坏产生的缺陷，如绝缘子自爆、导线断股、金具损坏等，这类缺陷通常在部件本体上发生了明显的形变或纹理、颜色的改变，此类缺陷约有 280 种，占缺陷类型数一半以上；有部分部件本体缺陷在部件外观上没有明显变化，只是某些性能下降或丧失，如绝缘子憎水性丧失、瓷绝缘子低（零）值等。

（2）部件连接缺陷是指部件间连接不正确或不完善引发的缺陷，该类缺陷亦可分为两种：一种是可见光明显可见的外观改变，如金具的滑移/歪斜/脱落、金具反装等；另一种则是由于部件接触不良引发的缺陷，如金具发热等。

（3）部件缺失缺陷是指由电力部件缺失引发的缺陷，这类缺陷较为典型的案例为销钉缺失、螺栓缺帽等。

（4）距离类缺陷是指由于电力部件与周遭物体小于安全距离，或电力部件自身悬垂度、间隙距离等不满足要求引发的缺陷。全部的通道环境类缺陷都属于前者，典型代表为树障缺陷和导线与建筑物距离不足；异物缺陷，如导线附着异物等。对于部件自身悬垂度不足的缺陷，典型案例如导线弧垂偏差。

线路缺陷按发生的部位可分为本体缺陷、附属设施缺陷和外部隐患三大类。

（1）线路本体缺陷。本体缺陷是指组成线路本体的全部构件、附件及零部件，包括基础、杆塔、导地线、绝缘子、金具、接地装置、拉线等发生的缺陷。本体缺陷主要由线路建设质量、运行自然环境、人为或动物破坏等原因造成输电线路达不到运行标准。自然原因主要由风、雷、冰等造成的线路缺陷。

风除了作用于导线和杆塔产生垂直于线路方向的水平荷载，减小线路空气间隙，造成风偏放电，烧坏导线及金具外，还易引发导线的振动。导线的振动又可分为导线的振动、舞动和次档距振动三种。导线的微风振动是导线在线夹出口处反复糊折，使导线材料疲劳，造成导线断股、断线、线夹等金具磨损、连接松动等缺陷。次档距振动会造成分裂导线各子导线相互撞击而损伤，在间隔棒线夹处产生疲劳断股，磨损线夹，使线夹与导线连接松动。导线舞动表现为垂直上下而稍倾斜的椭圆形运动，并伴有左右扭摆，振幅较大导线舞动因振幅大、持续时间长，容易发生混线闪络烧伤导线，损坏金具，导线断股、断线，杆塔部件损坏，螺栓松脱等缺陷。

雷击是输电线路的主要缺陷形式之一。雷击跳闸多引起绝缘子闪络放电，造成绝缘子表面存在闪络放电烧伤痕迹。绝缘子放电，易使铁件烧伤、融化，绝缘子表面破裂、脱落。另外，雷击还会使导线或地线断股、断线，烧坏接地引下线及金具。

覆冰除了能使输电线路过荷载而引起倒塔断线、促使导线舞动之外，还会引起绝缘子冰闪。雨凇一般是大气中的污秽伴随着冻雨沉积在绝缘子表面形成覆冰并逐渐加重，在绝缘子伞裙间形成冰桥，当气温升高后冰桥表面形成高电导率的融冰水膜。局部出现的空气间隙使沿串电压分布不均匀，导致局部首先起弧并沿冰桥发展呈贯穿性闪络。当绝缘子覆冰过厚完全形成冰柱时，绝缘子串爬距减小。融冰时冰柱表面沿串形成贯通水膜，耐压水平较低导致沿冰柱贯通性闪络。绝缘子冰闪不仅会损伤绝缘子，还会对均压环、线夹、导线造成损坏。大气中的污秽物在重力、风力和电场力的作用下会在绝缘子表面沉积，污秽物在特定条件下发生潮解，如在雾、露、毛毛雨等天气或环境湿度较高时污秽物受潮，其中的可溶盐分被溶解，产生可在电场力作用下定向运动的正负离子相当于在绝缘子表面形成了一层导电膜，该表面流过的泄漏电流会急剧增加，导致设备发生闪络现象，叫做污闪。污闪是不稳定的，呈间歇性的脉冲状，放电形式有火花状放电、刷状放电、局部电弧。交流输电线路设备电极表面电场强度超过临界电晕场强时，设备电极周围空气中的电荷在电场中会产生移动并发光。电极表面的电场强度超过起晕强度就会产生电晕放电。电晕现象时带电体附近空间出现强电场并使空气发生游离的结果，是一种特殊的气体放电形式。电晕不仅会造成线路输送能量的损失，还会产生无线电干扰和可听噪声。

（2）附属设施缺陷。附属设施缺陷是指附加在线路本体上的线路标识、安全标志牌，以及各种技术监测及具有特殊用途的设备，例如雷电测试、绝缘子在线监测设备、防鸟装置发生缺陷。线路标识、警示牌、安全标志牌会受到风雨等外力的破坏而损坏、锈蚀、松动位移，受到鸟类的啃食，鸟巢、鸟窝、大气污秽物等异物的覆盖而产生字迹不清的缺陷。各种监测设备因长期暴露在恶劣的户外环境中，也会出现机械或电气的故障，而使其不能正常工作。铁塔攀爬机、防坠落装置等机械系统，在户外环境中易受到破坏和锈蚀，并因输电线路的受力变化而产生损坏和变形，又因环境温度等的不断变化紧固件也会产生松动。

（3）外部缺陷。外部缺陷是指外部环境变化对线路的安全运行已构成某种潜在性威胁的情况，如在保护区内违章建房、线路的各类树竹、堆物、取土以及各种施工。这些外部缺陷主要有：向线路设施射击、抛掷物体；攀登杆塔或在杆塔上架设电力线、通信线及安装闸机；在线路保护区内修建道路、油气管道、架空线路或房屋等设施；在线路保护区内进行农田水利基本建设及打桩、钻探、开挖、地下采掘等活动，在杆塔基础周围取土或倾倒酸、碱、盐及其他有害化学物品；在线路保护区内兴建建筑物、烧窑、烧荒或堆放谷物、草料、垃圾、矿渣、易爆物及其他给安全供电造成隐患的物品；在线路保护区内有进入或穿越保护区的超高机械；在线路附近及线路安全及线路导线风偏摆动时可能引起放电的树木或其他设施；线路保护区内严禁施工爆破、开山采石、放风筝；线路附近河道变化及线路基础护坡、挡土墙、排水沟破损。

1.3 架空输电线路巡检

对输电线路进行日常巡视与检修是保证电网可靠供电的一项基础工作。输电线路巡视，是指巡视人员沿着工作票上指定的线路，详细地检查线路上的各种设备（如架空线路、杆塔等）运行情况，及时发现电力设备存在的隐患或缺陷并详细记录，作为后续线路检修工作的依据。输电线路巡视工作可分为定期巡视、特殊巡视、专业巡视、夜间巡视、故障巡视等。通过对输电线路的巡视来掌握各种电力设备的运行工况及周围环境的变化，及时发现存在缺陷的设备以及有可能引发事故的隐患，以便及时消除隐患或缺陷，保障电网的安全稳定运行。

尽管输电线路的本体缺陷、附属设施缺陷和外部隐患的产生原因、发生机理和对线路构成的危害各不相同，但是各种缺陷表现出了较为统一的物理特性，交流输电线路主要缺陷表现的特性见表 1-2。

表 1-2 输电线路主要缺陷表现特征

缺陷种类	可见光缺陷	热缺陷	紫外缺陷
导线松股、断股、老化	√	√	√
导线和金具连接松动	√	√	√
闪络、放电	√	√	√
电晕		√	√
绝缘子老化	√	√	√
导线舞动	√		
覆冰	√		√
通道缺陷	√		
杆塔缺陷	√		√

本体的缺陷如塔材缺失、倒塔断线等，附属设施的缺失、字迹不清，外部隐患的安全距离不足等，能够通过视觉反映出来，实质上是输电线路缺陷表现出的可见光学特性。

输电线路的缺陷里，不论是因振动造成导线、金具疲劳破损或线夹等金具连接松动，还是雷击造成的设备破损、风偏放电造成导线烧坏、绝缘子老化，在线路运行过程中，都会出现高于正常设备运行的发热现象，这些缺陷均表现出了热缺陷特性。

不论何种原因导致的导线断股、金具磨损、连接松动，也不论何种原因导致的电晕、放电、闪络，在线路运行中，这些缺陷出现时都会伴随着紫外线的释放。

输电线路缺陷表现出的可见光、热缺陷和释放紫外线特性，涵盖了交流输电线路运行中较常出现的各种缺陷和隐患。从输电线路缺陷的这三个特性入手，可发现线路运行中出现的大多数缺陷和隐患。

（1）可见光巡检。对 90%以上具有可见光特性的缺陷，可以通过可见光成像仪器进行检测，采集、分析相关缺陷信息，掌握缺陷状况。可见光巡检，是指在电力线路巡检中人工肉眼观察或应用稳像仪、照相机、摄像机等可见光设备对线路本体、辅助设施及线路走廊进行巡视并记录相关信息。可见光巡检设备要求简单，且在单次巡检中可以覆盖大部分的器件缺陷与电力线缺陷，因此在线路巡检中，可见光巡检依然占据主要地位。在当前飞行器协同立体巡检工作模式下，大部分的缺陷检测是通过人工观测巡检可见光影像完成的。

目前，可见光影像的产生主要有以下5个途径：

1）架空线路图像/视频监控装置采集；

2）传统线路巡检人工拍摄采集；

3）直升机巡检人工拍摄采集；

4）无人机巡检自动或人为采集；

5）巡检机器人采集。

其中，架空线路图像/视频监控装置通常安装在杆塔上，检测的对象为输电线路本体，包括杆塔、导线、绝缘子、金具等的运行情况，以及线路周边通道环境情况，如施工、树木生长等情况。

虽然直升机、无人机装载技术很大程度上降低了工作人员的野外工作强度，提升巡线效率，但在数据处理方式上，特别是占大比重的可见光影像数据的处理上，仍然是传统的人工肉眼观察拍摄影像，检查并标注缺陷信息的工作方式。这一工作方式不仅效率低下，且准确率受制于检查人员的视觉观察技能水平，同时还存在视觉疲劳导致漏检率上升的隐患。为此，近年来国内外有不少研究尝试使用图像处理技术对巡检影像进行分析，自动检测其中可能存在的缺陷。这些研究虽然取得了一定的进展，但离实际应用还有较大差距。人工智能作为近年的技术热点，在诸多领域，如图像检测、语音识别、数据分析等，取得了令人瞩目的成果，特别是深度学习技术，更是在当前影像处理领域上占据统治地位，其不需要人工设计提取特征的优势，使得它可以较好地应对背景复杂场景多变目标特征多样化的电力巡检可见光图像，高度契合电力巡检中海量可见光图像智能化处理的需求。图1-2为输电线路可见光检测图像。

（a）

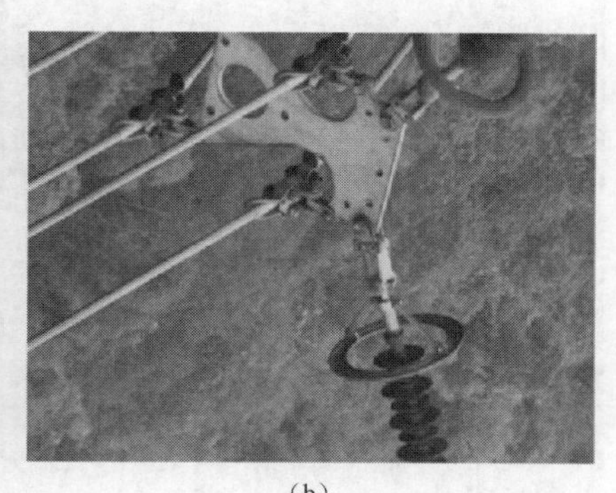

（b）

图1-2　输电线路可见光检测图像

（a）绝缘子可见光检测图像；（b）金具的可见光检测图像

（2）红外测温巡检。电气设备存在外部或内部故障时，往往伴随着不正常的发热或温度分布异常。红外检测通过探测设备表面的红外辐射信号获得设备的热状态特征，从而对设备有无故障、故障属性、存在位置和严重程度进行判别。

红外检测技术具有远距离、不接触、不解体、安全可靠、准确高效地发现设备热缺陷的优点，它既可检测出各种类型的设备外部接触性过热故障，又能比较有效地检测出设备内部导流回路的缺陷和绝缘故障，因而方便有效，并可将故障消除在萌芽状态。红外检测装置有红外测温仪、红外热电视和红外热像仪（见图 1-3）等。应用时，可根据实际情况合理选用红外测温仪和红外热像仪，对输电线路的关键设备和设备的关键部位定期进行红外检测，建立红外测温数据库（含温升、相对温差等）和红外热像图谱库，并定期做出技术报告并分析，以判断设备是否正常。

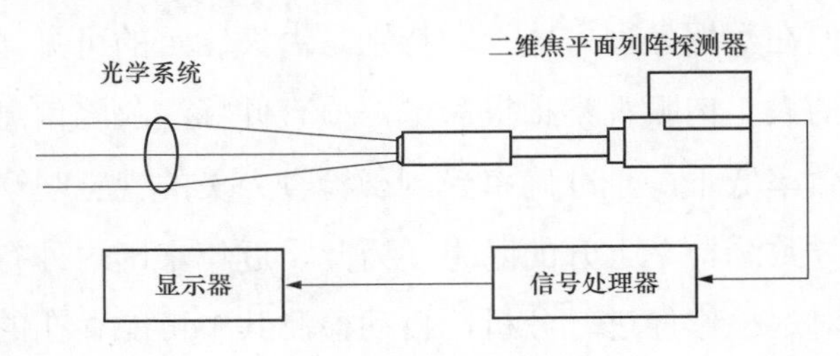

图 1-3　红外热像仪示意图

如今红外诊断技术已经比较成熟，检测具有较高的准确度，检测灵活方便，加上先进的图像处理技术和科学的诊断算法，可以更加智能化对电力系统中电气设备故障进行定性和定位分析，还可建立设备状态数据库，提高故障检测的可靠性和准确性。图 1-4 为线路耐张线夹发热示意图。

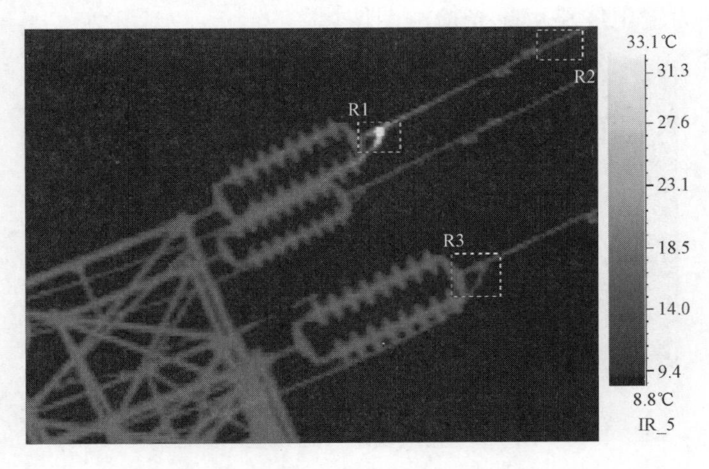

图 1-4　线路耐张线夹发热示意图

（3）紫外成像巡检。紫外成像对于一些外部有电晕和放电的缺陷较为敏感，紫外检测技术利用紫外成像仪接收电晕放电产生的紫外线信号，经处理后成像并与可见光图像叠加，达到确定电晕的位置和强度的目的，见图 1-5 和图 1-6。检测仪器与被检测对象没有电气接触，紫外检测设备灵敏度高，性能稳定，能有效检测线路电晕放电情况，为输电线路状态检测提供了一种先进手段。

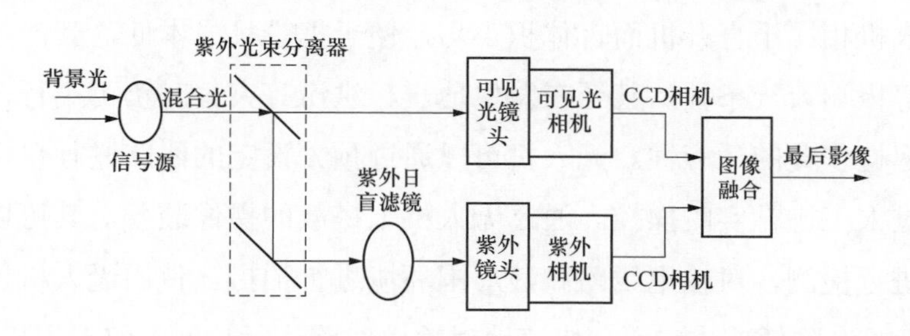

图 1-5 紫外成像系统原理图

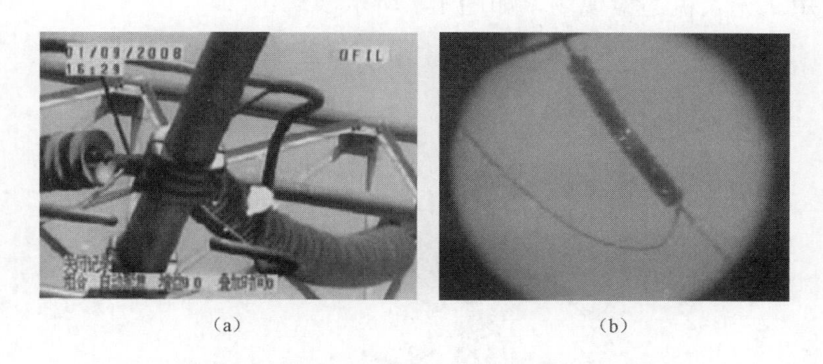

（a） （b）

图 1-6 紫外成像仪检测图像

（a）均压环对绝缘子放电检测图像；（b）绝缘子表面污秽电晕放电检测图像

应用紫外成像法，能够比较迅速、形象、直观地显示出线路的一些运行状态信息，以及较明确给出故障的属性、部位和严重程度，无需另备辅助信号源和各种检测装置，使得该检测方法手段单一、操作方便，与传统人工徒步观测和登杆塔检测方法相比，大大提高了检测效率，同时不受地理环境条件的限制。

（4）航测法巡检。航测法是一种巡检载体技术，其可替代人工进行输电线路近距离快速巡检，分为直升机巡检和无人机巡检。美国、加拿大和西欧等国家早在 20 世纪 50 年代便开始采用直升机巡检法对线路进行巡检，并取得了较大的进展。我国山西、河北、山东、四川等多个省电力公司在 20 世纪 90 年代初也多次采用直升机对输电线路进行巡检作业，在保电、度夏和迎风等工作中发挥了重要作用。目前使用直升机对输电线路进行巡检其技术已经十分完善，但其也存在一些问题，为了保持飞机与线塔的安全距离，无法对线塔进行近距离检查；大雾大风天气条件恶劣下无法巡检；直升机巡检需培养飞行员，作业程序繁琐，涉及飞行、地勤、加油、通信、气象、维修等问题，导致运行成本高。

近年来小型无人机技术发展迅速，使用无人机进行线路巡检是近年来研究的热点。无人机相比于直升机而言体积小巧，便于携带且成本低，其能够适应于大雾、严冬等极端天气条件，甚至在发生地震、洪涝等灾害时仍可飞行，极大地提高了线路巡检作业的适应性。无人机可以通过预先设定的线路进行自主的飞行，也可以通过人工进行实时操控。通过无人机上搭载的摄像装备，其可以对线路的运行状态进行检测，对输电线路和其周围环境进行拍摄。使用无人机进行线路巡检，可以大幅度降低成本，安全快速地对输电线路进行检测。但无人机载荷有限，续航时间短。无人机巡检现场，如图 1-7 所示。

图 1-7　无人机巡检现场图

2

多光谱巡检原理

对于架空输电线路而言，目前工程应用中多光谱巡检主要涉及可见光、红外光和紫外光三种光谱巡检技术。

2.1 可见光巡检原理

2.1.1 可见光巡检技术基本介绍

可见光是人眼可以识别出来的电磁波谱中的一部分，可见光没有具体的光谱范围，通常人眼能够感知的电磁波频率为380～750THz，波长为780～400nm之间，但存在一部分人能够感知到更宽的频率范围为340～790THz，波长为880～380nm的电磁波。在可见光区间，不同频率的电磁波人眼所能感知到的颜色不同，如表2-1所示，人眼感知不同频率下光的颜色。

表2-1　光谱分布

颜色	频率（THz）	波长（nm）
红	385～482	780～622
橙	482～503	622～597
黄	503～520	597～577
绿	520～610	577～492
蓝、靛	610～659	492～455
紫	659～750	455～400

可见光巡检即是通过获取输电设备的可见光图像以对其运行状态进行判别的一种技术，其传感器可分为人类肉眼和照相设备两大类。人类肉眼包括肉眼直接观察和通过望远镜观察等，照相设备包括摄像头、照相机等。相对于其他光谱方法，可见光巡检可直接获取设备表面状态，能获得物体的细节信息，直观识别设备状态，能够在巡检过程中检查到线路中存在的大部分问题，因此可见光巡检依然是输电线路巡检中的主要方式。

自第一条线路诞生以来，可见光巡检即应运而生，受限于早期技术限制，可见光巡检以人工巡检为主，即运维人员沿线路通过肉眼或望远镜观察线路运行状态。但是，随着电网规模的不断扩大，架空输电线路星罗密布，长度突破百万千米，人工巡检工作开展过程中面临的巡线作业强度大、周期长、过程危险等各种各样的问题，尤其遇到突发状况时，例如恶劣天气、环境灾害等情况，巡检人员无法在第一时间获得线路情况和设备受损信息，必须要现场勘察确认后才能判断线路状况，提供抢修信息。另外，输电线路状态评估受巡检人员主观意识影响较大，且巡检质量与巡线人员专业素养和责任心紧密相关，巡视状态数据不够精准，数据较难被计算机系统直接识别，导入系统分析结果偏差也较大。因此，近年来，电网逐渐向无人机、可视化等新技术巡检转变，通过一定的载体实现对输电线路关键部位、重要输电区段的检测。

2.1.2 典型可见光缺陷

目前可见光巡检主要依据 DL/T 741—2019《架空输电线路运行规程》及各类设备运行规程和电网企业自身管理制度，一般输电线路巡视频次为每月 1 次。发现缺陷后根据缺陷具体情况进行分级、记录、消除，同时为保障缺陷分级的准确性和消除的及时性，电网企业建立了详细的缺陷库，并开发了运维检修软件，发现缺陷后需录入系统，并在规定期限内完成消缺。

输电设备可见光缺陷众多，包括导线断股、散股、锈蚀，金具锈蚀、破损，绝缘子裂纹、破损等。以下对几种典型的缺陷进行介绍。

（1）防振锤丢失（见图 2-1）、跑位。按线路设计要求，需在导线上加装防振锤，以防止风力作用下导线疲劳断裂。一般防振锤安装于绝缘子挂网点两侧，具体安装位置与导线档距等有关。巡检时需重点关注杆塔绝缘子与导线连接位置左右一定长度的导线，如无设计时应安装的防振锤，即认为其未防振锤丢失或跑位缺陷。

图 2-1 防振锤丢失缺陷

（2）销钉缺失（见图 2-2）。输电设备为机械连接结构，但其在长期运行中受风力作用，螺栓结构长时间振动，即使是防盗防松螺栓也经常出现大面积的螺栓松动、脱落等问题，为此电力企业多在螺栓上加装销钉，对螺母进行机械限位。但销钉也并非永久结构，其也会在长期振动中脱落，现场中也发生过由于销钉缺失引起的输电设备事故，因此销钉是否缺失也是输电线路巡检的一个重要内容。拍摄时需对准螺栓螺帽位置，观察是否有销钉或销钉打开状态。

图 2-2　销钉缺失缺陷

（3）均压环脱落（见图 2-3）、装反。由于绝缘子整体电场分布呈现“U”型，高压端电场较为集中，因此工程实际中多在其高压端加装均压环，以削弱高压端电场分布、保护绝缘子。但是绝缘子为螺栓连接结构，由于安装人员疏忽可能装反，或螺栓安装不牢固，长期风振作用下易脱落，其均压效果消失。该类型缺陷一般易于发现。

图 2-3　均压环脱落缺陷

（4）螺母松动（见图 2-4）、缺失。螺栓结构在长期运行中由于风力振动等原因可能出现松动，进而加剧输电元件间相对运动，进一步可能引发掉线、断裂等事故。拍摄时需聚焦螺栓螺母位置，观察其是否脱落或与固定位置间是否有间隙。

图 2-4 螺母松动缺陷

（5）设备偏移、倾斜（见图 2-5）。线路设计时均充分考虑线路各档距间张力，保证绝缘子、线夹等设备垂直（或偏垂直）安装，但当运行中两档距间张力不均衡后会造成绝缘子、线夹等设备向一侧偏移，过大可能损耗设备，且长期运行中会造成设备磨损故障。

图 2-5 设备偏移、倾斜缺陷

（6）绝缘子破损。绝缘子在运行过程中由于外力及自然老化的作用会出现复合绝缘子伞裙破损（见图 2-6）、脱落、护套开裂，瓷绝缘子裂纹、破损，玻璃绝缘子零值自爆等缺陷。

通过上述分析可以发现，可见光巡检可直观发现输电设备表面缺陷，并对缺陷程度进行精准识别。但大多数输电设备表面缺陷尺寸较小，巡检人员站于地面时，由于距离较远、角度受限，对部分微小缺陷无法有效检测。因此需采用无人机、直升机等对输电设备进行近距离观察，并结合其他光谱检测结果进行综合判别。

图 2-6　复合绝缘子伞裙破损缺陷

2.2 红外光巡检原理

红外测温技术是一种基于红外线技术对物体表面温度分布进行检测的技术。红外测温技术的设计原理为：物质构成的基本成分，即原子与分子，两者的组成与分布排列方式各不相同，并按照一定的序列作出排序，每一种排列方式均会形成一种物质，也便造就了物质的差异化特性。原子与分子在运动阶段，拥有高速运转的特性，且存在一定的运转规律，在整个高速运转阶段能够向外界产生一种辐射热量，该辐射热量被称为热辐射现象。鉴于此，红外测温技术依据热辐射热量实现电气设备的温度检测，继而保障设备处于正常的工作温度范围之内。

2.2.1　热辐射理论

热力学第一定律表述为：封闭系统的能量总和是固定不变的。本定律通常被称为“能量守恒原理”，可简单地描述为：能量既不能被创造也不能消失。它可以转化为别的形式，但不会消失。能量的几种不同形式有势能（位能）及电势能、动能（运动引起的能量）、化学能（如煤、木头、石油的燃烧等）、电能等。能量之间可以相互转化，例如化学能（汽油的燃烧）可以转化为动能，如汽车的移动。所有温度超过绝对零度（–273.15℃）的物体都辐射能量，而能量不会被创造，所以如果一个物体辐射能量，辐射出的能量一定是来自物质的自身。它就是物体自身的“内能”。

热量传递有热传导、对流传热和辐射传热三种基本方式。热传导依靠物质的分子、原子或电子的移动或（和）振动来传递热量，流体中的热传导与分子动量传递类似。对流传热依靠流体微团的宏观运动来传递热量，所以它只能在流体中存在，并伴有动量传递。辐射传热是通过电磁波传递热量，不需要物资作媒介。这三种方式可以互不依靠地同时发生。

（1）热传导。热从物体温度较高的一部分沿着物体传导至温度较低的部分的方式叫做热传导。热传导是固体中热传递的主要方式。在气体或液体中，热传导过程往往和对流同时发生。各种物质的热传导性能不同，一般金属都是热的良导体，玻璃、木材、棉毛制品、羽毛、毛皮，以及液体和气体都是热的不良导体，石棉的热传导性能较差，常作为绝热材料。

（2）对流。靠气体或液体的流动来传热的方式称为对流。液体或气体中较热部分和较冷部分之间通过循环流动使温度趋于均匀。对流是液体和气体中热传递的主要方式，气体的对流现象比液体明显。对流可分自然对流和强迫对流，都是由于外界的影响对流体搅拌而形成的。

（3）热辐射。物体因自身的温度而具有向外发射能量的本领，这种热传递的方式称为热辐射。热辐射虽然也是热传递的一种方式，但它和热传导、对流不同，它能不依靠媒介把热量直接从一个系统传给另一系统。热辐射以电磁辐射的形式发出能量，温度越高，辐射越强。辐射的波长分布情况也随温度而变，如温度较低时，主要以不可见的红外线进行辐射，在500℃以至更高的温度时，则顺次发射可见光至紫外辐射。热辐射是远距离传热的主要方式，如太阳的热量就是以热辐射的形式，经过宇宙空间再传给地球的。一般的热辐射主要靠波长较长的可见光和红外线传播，而红外热辐射则是主要的热辐射方式。因为电磁波的传播无需任何介质，所以热辐射是在真空中唯一的传热方式。

红外线是波长为0.75～1000μm 的一种电磁波，按波长范围分为近红外（0.75～3.0μm）、中红外（6.0～15.0μm）、极远红外（15.0～1000μm）。红外辐射是一种最为广泛的电磁波辐射，任何物体在常规环境下都会产生自身分子和原子无规则的运动而不停地辐射出红外能量。红外辐射的能量可用来度量物体表面的温度，物体的分子和原子的运动越剧烈，辐射的能量越大，物体表面温度越高；反之，辐射的能量越小，说明物体表面的温度越低。

红外测温即是通过检测上述辐射能量以反应物体表面温度的一种技术，因其非接触和高效率的特点，在输变电设备故障检测中应用广泛，但非接触的特点使其存在测温精度不够高的弊端。红外检测中测量的温度一般指物体某一部分的平均温度，从工程应用角度，在电气设备红外检测技术中提出了温升、温差、相对温差的概念。

1）温升：同一检测仪器相继侧得的被测物表面温度和环境温度参照体表面温度之差，即

$$T_{\mathrm{S}} = T_{\mathrm{k1}} - T_{\mathrm{k2}} \tag{2-1}$$

式中 T_{S}——温升，K；

T_{k1}——被测物的表面温度，℃；

T_{k2}——环境温度参照体的温度，℃。

2）温差：同一检测仪器测得的不同被测物或同一被测物的不同部位之间的温度差，即

$$T_{\mathrm{C}} = T_1 - T_2 \tag{2-2}$$

式中 T_{C}——温差，K；

T_1——高温点，℃；

T_2——低温点，℃。

3）相对温差：两个对应测点的温差与其中较热点的温升之比的百分数。相对温度 δ_{t} 计算式为

$$\delta_{\mathrm{t}} = (\tau_1 - \tau_2) / \tau_1 \times 100\% = (T_1 - T_2) / (T_1 - T_0) \times 100\% \tag{2-3}$$

式中 τ_1 和 T_1——发热点的温升和温度；

τ_2 和 T_2——正常相对应点的温升和温度；

T_0——环境温度参照体的温度。

相对温度很大程度上只反应回路电阻、泄漏电流和介损等设备参数的内在关系，排除了负荷电流、环境温湿度、风速、测量距离、发射率选择等相同因素的影响。在电流相同的情况下，利用相对温差值的变化，一般情况下能明显反映被测物体电阻值的变化，方便对设备发热状态的判断。

2.2.2 红外测温原理

红外线是一种人类的眼睛无法察觉的光，从整体上来看，它的波长小于微波大于可见光。同可见光一样，它的速度等于光速，即

$$C = 299792458(\mathrm{m/s}) \approx 3\times10^{10}(\mathrm{cm/s}) \tag{2-4}$$

红外线辐射的波长为

$$\lambda = C / v$$

式中 C ——速度，cm/s；

λ ——波长，cm；

v ——光频率，Hz。

无论是自发还是人为产生的热扩散过程，物体内部的温度场，都会因热传导反映到物体外部，并可以利用红外热像仪探测表面的温度变化情况。反之，如果已知物体表面温度分布的变化，利用相应的边界条件和初始条件，通过求解导热微分方程，也可得到物体内部温度场及物性参数的变化，通过这种变化就可以提供物体内部缺陷或故障的信息。

物体表面的温度场取决于物体内部的结构、材料和热物性、内部的热扩散，以及表面与外界环境的热交换。在输变电设备缺陷诊断过程中，温度场被作为内部缺陷信息的载体来加以研究，因此采集物体表面的红外热像图是至关重要的一步，而红外热像仪对温度的采集具有很高的分辨率，是采集物体温度的可靠方法。表面温度场的采集是红外热诊断的第一步，精确的红外热诊断需在此基础上借助电子计算机，通过导热微分方程，获取物体内部温度场，给出内部缺陷或故障的属性、位置、几何形状和严重程度的定量诊断。

设备内部缺陷红外热诊断的基本流程如下：

（1）红外热像仪采集设备外表面温度数据，这是实现设备内部热诊断的首要工作；

（2）根据被诊断设备的结构原理建立几何模型，根据设备的运行状态建立相应的物理模型和数学模型；

（3）用物理和数学方法求解导热反问题，并对结果进行分析，以确定设备热异常发生部位、性质和严重程度；

（4）根据结果预测热异常的发展趋势，评估设备的寿命，实现安全生产。

综上所述：

（1）红外热诊断技术的核心是导热反问题的求解。

（2）红外辐射理论的出发点是普朗克黑体辐射定律，实际物体的辐射量与辐射波长及物体温度有关，还与构成物体的材料种类、表面状态及环境条件等因素有关。因此，黑体辐射定理使用的前提是明确与材料性质及表面状态有关的比例系统，即发射率。该系数表示实际物体的热辐射与黑体辐射的接近程度。

2.2.3 电气设备热缺陷的分类

1. 按照发热位置的分类，可分为外部发热缺陷和内部发热缺陷

（1）外部发热缺陷：可通过肉眼直接发现的发热故障，该发热设备从中心点开始向周围辐射热能，通过红外测温仪测出的红外测温图像，可判断该设备是否存在故障，根据温度确定故障部位。

大量试验证明，造成设备外部发热缺陷的原因有：

1）设备本体存在家族性缺陷或结构缺陷。

2）设备不符合规程运行，例如设备带额外保护层运行、线夹螺母紧固不良有弹簧垫片运行等问题。

3）设备运行环境恶劣，如没有采取避光、防风沙尘土措施、存在大暴雨及相关化学品的腐蚀，日积月累对设备运行造成破坏等。

4）没有计划检修或调整，造成设备长时间运行引起老化。

设备外部故障可用式（2-5）表示，即

$$P = I^2 R_J \tag{2-5}$$

式中 R_J——接头的接触电阻，Ω。

R_J 可通过式（2-6）计算得出，即

$$R_J = \frac{K}{F_n} \times 10^3 \tag{2-6}$$

式中 F——接触压力，N；

K——固定的系数，具体取值决定于电阻的材料及对接面积的大小，对于完全干净的铜制接头，根据实际的铜质，一般取 0.07～0.1；

n——与连接方式有关，一般取值在 0.5～0.75 之间。

（2）内部发热缺陷：与外部故障相对，反映电力设备内部故障问题。由于产

品质量、施工工艺以及运行老化等，可能造成线夹压接质量不佳或未涂覆导电脂导致导线与线夹接触电阻过大、复合绝缘子芯棒酥朽、瓷绝缘子低（零）值等缺陷，该类缺陷从外观上很难发现，但通过红外测温技术，可直观、有效对其进行检测。

造成设备内部故障的原因主要有两种：

1）电路的连接不良，因为设备内部零部件的绝缘性能降低或连接不佳，例如线夹内导线与线夹接触不良。这种类型的过热缺陷都属于电流致热的范围内。

2）设备内部绝缘程度下降，因为运行中老化，造成设备内部介电常数、阻值发生变化，如复合绝缘子界面粘接不良出现气隙或受潮、瓷绝缘子内部绝缘性能下降等。此情况下的热功率为

$$P = U^2 \omega C \mathrm{tg} \delta W \tag{2-7}$$

式中 U——施加的电压，V；

ω——交变电压的角频率，rad/s；

C——介质的等值电容，F；

δ——不导电介质的损耗因数。

由式（2-7）可以看出，对该类设备发热有着重大影响的是设备电压值，而不是设备电流。因此，我们习惯称这种发热情况是由于电压效应产生的设备过热。

2. 按照产生原因分类，可分为电流致热型缺陷、电压致热型缺陷及其他致热型缺陷

（1）电流致热型缺陷：电气设备和输电线路的裸露电气接头，包括许多高压电气设备的内部导流回路，因连接不良，接触电阻增大而产生的缺陷，均为电流致热效应缺陷。通常将由传导电流在电阻上产生的发热的设备，称之为电流致热型设备。这种发热由电阻的有功损耗而引起。外部缺陷主要是电流致热型设备产生的缺陷。

（2）电压致热型缺陷：许多高压电气设备的内部绝缘由于密封不良，进水受潮，或因绝缘介质老化，介质损耗增大，都会导致电器绝缘性能下降，甚至会出现局部放电或击穿，这种缺陷是电介质材料的有功损耗形成，这类缺陷的发热功率与运行电压的平方成正比，与电流大小无关，因而成为电压致热型缺陷。

（3）其他致热型缺陷：

1）一些高压电气设备的磁回路的漏磁现象，主要是由于设计不合理或运行不正常造成的。还有可能是由于铁芯质量不佳或片间、匝间局部绝缘破损引起磁阻增大，可分别导致铁芯局部过热或材质为铁磁箱体涡流发热。

2）当电气设备发生故障或在非正常运行方式时，其电压和电流的分布将发生变化，而在正常情况下这些设备内部故障本身并不会产生过热，而是由于这种变化在其表面形成了热特性场的变化。

3）许多油浸高压电气设备，在发生漏油时会发生假油位情况，此时油面上下层由于介质不同形成了热传导差异，在设备外表可产生明显温度梯度。

2.3 紫外光巡检原理

2.3.1 紫外检测基本理论

紫外检测的过程就是利用紫外成像仪对设备因放电而发射的紫外线进行检测进而对缺陷进行评估的过程。

紫外线是日间广泛存在的一种短波光谱，波长在 10～400nm 之间，属于不可见光，由德国物理学家里特于 1801 年发现，该波段能够使含有溴化银的照片底片感光进而为人所知，太阳光的紫外线光谱如图 2-7 所示。

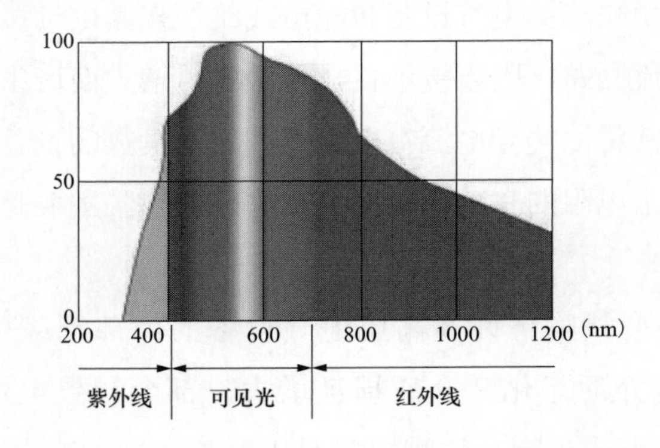

图 2-7　太阳光全波段紫外光谱图

电晕放电发出的光信号中包含了 230～405nm 之间的紫外线。紫外成像仪正是通过对紫外波段的光信号进行探测而实现放电的检测。但是，白天由于太阳光中也包含了紫外线，这会对紫外检测白天的应用造成极大的干扰。因而第一代的紫外成像仪只能在夜间或对日光进行屏蔽了的特殊环境下进行检测。

为了克服紫外检测只能夜间进行检测的缺点，第二代日盲型紫外成像仪即一种新型的日间电晕探测仪器——DayCorI 型紫外成像仪首先被以色列 Ofil 公司与美国电力科研机构于 1999 年共同研制出来，这是输变电设备外绝缘放电紫外检测领域的一次突破，解决了以往紫外检测不能用于日间的缺点。随后，南非 CSIR 公司生产的 CoroCAM 系列日盲型紫外成像仪也投入了市场，并与 DayCor 系列成为现今应用较广的两款日盲型紫外成像仪。

日盲型紫外成像仪是基于紫外光谱中的日盲区而制成，即波长位于 240～280nm 的紫外光谱区域。因为太阳光中的紫外线在经过地球臭氧层时会被臭氧吸收大部分波长在 240～280nm 之间的紫外线，所以，阳光在经过大气层后，能到达地球表面的紫外线波长基本都在 240～280nm 以外，因此也将波长位于 240～280nm 的紫外光谱区域叫做日盲区。日盲型紫外成像仪一方面读取电力设备放电产生 240～280nm 的紫外光信号，将其进行处理后转变为紫外光图像，另一方面读取可见光信号并将此信号转变为可见光图像，通过两者的结合对设备的放电进行检测和定位，基本工作原理如图 2-8 所示。

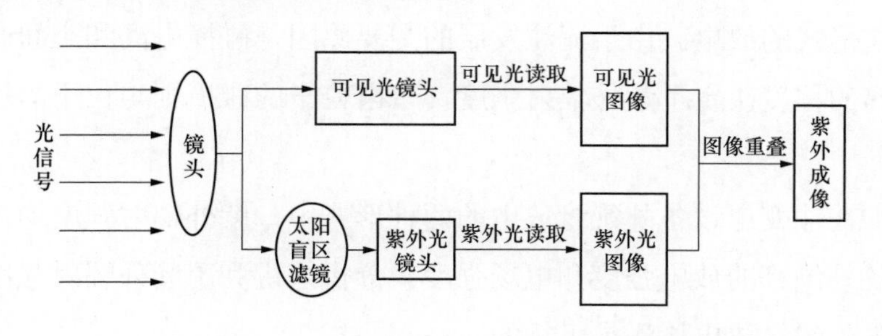

图 2-8　日盲型紫外成像仪工作原理图

当被测物体的光线到达日盲型紫外成像仪后，由于分光镜的作用，最终接收到的光线被分为两组，用来检测放电的光信号经太阳盲区滤镜后进入紫外光通道，用来进行被测设备及其背景成像的光信号则进入了可见光通道。进入紫外光通道的光线经过太阳盲区滤镜处理后使得 240～280nm 波段的设备放电紫外光信号能进入通道，进而处理得到反映设备放电情况的紫外光图像；而可见光通道则类似于相机，通过对可见光信号的读取处理来对被测物体及其周边环境进行成像反映；最后，经过紫外光图像与可见光图像的叠加融合形成反映设备放电位置和强度的紫外成像。

电力系统输电设备上产生的电晕放电一般在正弦波的波峰或波谷产生，并且高压设备电晕放电初期不连续且瞬间即逝，因此，在紫外成像仪进行紫外检测时一般采用以下两种模式进行：

（1）活动模式：实时观察设备的放电情况，并且可实时显示一个与特定区域内紫外线光子总数成比例的数值便于定量分析和比较。

（2）集成模式：将一定时间区域内的紫外线光子显示并保留在屏幕上，按照先进先出和动态平均算法实时更新，在该模式下可以清楚地看到设备放电区域的大小。

2.3.2 外绝缘气体放电的光辐射现象

在气压气隙乘积较小（p_d＜200cm・mmHg）的情况下，输变电设备外绝缘放电可认为是汤逊放电形式，此阶段可认为紫外辐射强度由放电时的发光现象所决定。因此，也可认为紫外辐射强度在这一时期取决于带电粒子的运动速度与带电粒子的密度；带电粒子的运动速度由空间电场强度所决定，带电粒子的密度则由外绝缘放电程度和大气环境共同决定。标准大气压下，可将输变电设备外绝缘放电视为流注形式的放电。由于流注发展的主要原因是碰撞电离和空间光电离，而空间光电离的程度决定了紫外辐射强度，带电粒子的碰撞则与粒子的运动速度及浓度有关。

因此，在输变电设备外绝缘放电的两种形式中，紫外辐射强度均可以反映出输变电设备外绝缘的放电强度和电场强度。分析来讲利用紫外辐射强度来进行高压电气设备外绝缘放电检测是可行的。

但是由于汤森放电理论和流注理论都缺少对光电离的解释，因此下面通过对气体放电中等离子体辐射进行分析。输变电设备表面外绝缘放电可视为一种气体的电离过程，发生放电时，电离区域会随之产生大量的带电质点，由于从宏观上来看电离气体中电子与离子的电荷数相差不大，因此可将表面放电区域的气体看成一种等离子体。

由于等离子体中带电质点辐射出的电磁波包含外绝缘放电时辐射出的紫外光信号，因此可通过等离子体的相关观点来对气体放电的光辐射进行解释。

在空气中放电主要通过等离子体中能量转移和带电粒子的相互作用实现，带电粒子间的碰撞可分为弹性碰撞和非弹性碰撞，能量转移和粒子间的碰撞都可能引起等离子体的辐射，主要包含辐射跃迁、激发辐射、电子传递、电子附着、复合等。对于输电设备放电的紫外检测，主要考虑的是能辐射出光子的等离子辐射，即激发辐射、复合辐射和韧致辐射。

（1）激发辐射。激发辐射是原子中自由电子在束缚态直接跃迁所产生的辐射，激发辐射可以是碰撞激发，也可以是光致激发。碰撞激发的过程计算式为

$$A+\mathrm{e}\longrightarrow A^{*}+\mathrm{e} \tag{2-8}$$

式中 A ——原子；

A^{*} ——激发态原子；

e ——电子。

如式（2-8）所示，这类因碰撞导致的激发称为碰撞激发，其中激发能量是由电子的动能来提供的。此外，激发还可通过吸收光子来实现，又称光致激发。其光子的能量应满足式（2-9），即

$$\mathrm{h}\nu=W_1-W_2 \tag{2-9}$$

式中 W_2 和 W_1 ——高能级和低能级的能量；

h ——普朗克常数；

ν ——频率。

等离子体辐射过程中，激发辐射产生的概率可由激发截面表示。随着电子能量的增加，激发截面会急剧增大；达到峰值后，则随电子能量而缓慢减小。激发后的原子短暂停留后会快速回到低能级的正常状态。原子由激发态回到低能级时，以光子的形式辐射出原子所吸收的能量，这即为激发辐射。在此过程中，原子初态和终态的能量都是量子化的，因此所产生的光子的能量是单一的，即形成线状光谱。各种原子有各自独特的线光谱，每条光谱都与特定的两个原子能级间跃迁相对应。

（2）复合辐射。复合辐射主要包含电子复合和离子复合，电子复合是放电空间里电子与正离子的复合，离子复合是正离子与负离子的复合。电子复合又包含复合辐射、离解复合、双电子复合及三体复合。此处仅考虑产生光辐射的复合，辐射复合指的是电子与正离子相碰使离子恢复为中性分子或原子，分子或原子回到基态，同时发射出光子。

如果电子功能很小，则发射出的光子能量就等于电离能，即

$$h\nu = eU_i \tag{2-10}$$

式中　U_i——原子或分子的电离电位。

如果电子还有动能W_k，则复合时光子能量为

$$h\nu = eU_i + W_k \tag{2-11}$$

辐射复合发射出光子的频率与电子动能有关，由原子或分子的电离能决定。因此电子的能量不同，所以复合发射出来的光谱为连续谱。一般情况下，复合后的电子会在较高能级的激发态短暂停留后再转到基态。在此过程中，除了复合发出的辐射，电子从激发态跃迁到基态时也会辐射出对应于该原子特征谱线的光子，过程如式（2-12）所示。

$$A^+ + e \longrightarrow A^* \longrightarrow A + h\nu \tag{2-12}$$

式中　A——原子；

A^+——正离子；

A^*——激发态原子；

e——电子；

h——普朗克常数；

ν——频率。

同时，离解复合也会发出光子。当一个分子或离子与具有一定动能的电子结合之后，分子会分解为两个或几个中性原子。分解得到的中性原子如果不处在基态，多余的能量则会转化为原子的动能，如式（2-13）所示。

$$AB^+ + e \longrightarrow (AB^*) \longrightarrow A + B^* + \Delta W \tag{2-13}$$

其中处于激发态的原子B*又会回到基态并发出光子，如式（2-14）所示。

$$B^* \longrightarrow B + h\nu \tag{2-14}$$

同样的，因为电子的能量不同，所以离解复合发射出来的光谱也是一个连续谱。

（3）韧致辐射。自由电子在库仑力作用下加速或减速从而与离子发生碰撞的过程中也会辐射电磁波，这种等离子体中电子和离子之间弹性碰撞过程中发生的辐射现象，即为韧致辐射。

韧致辐射过程中，电子在碰撞前后所具有的能量都是连续可变的，因此，此过程所辐射出的光谱是连续谱，韧致辐射一般是出现在从紫外线到X射线的波长

范围。等离子体中离子的质量比电子大很多，因此等离子体中自由电子的速度远远大于离子的速度。同时，电子和电子，离子和离子也有可能发生碰撞会产生类似的辐射，但由于相同粒子碰撞的偶极辐射等于零，但其在量级上远远小于电子与离子碰撞的辐射。因此，韧致辐射主要是由电子产生的。

通过相关研究中对韧致辐射功率和复合辐射功率的计算和比较可知，韧致辐射与复合辐射相反，其功率则随温度增加而增加。

通过对几种辐射的研究可知，气体放电时产生光辐射既可以产生线状光谱，也可以产生连续光谱，其光辐射的功率、波长分布与电离区域的离子、自由电子的密度以及电子的温度有关。

2.3.3 外绝缘气体放电的紫外辐射光谱分析

为进一步分析输变电设备外绝缘放电与辐射出的紫外光信号的关系，应对输变电设备外绝缘放电辐射的光谱特性进行研究，从而探讨紫外信号反映设备外绝缘放电的可行性。电晕放电的光谱分布如图 2-9 所示。

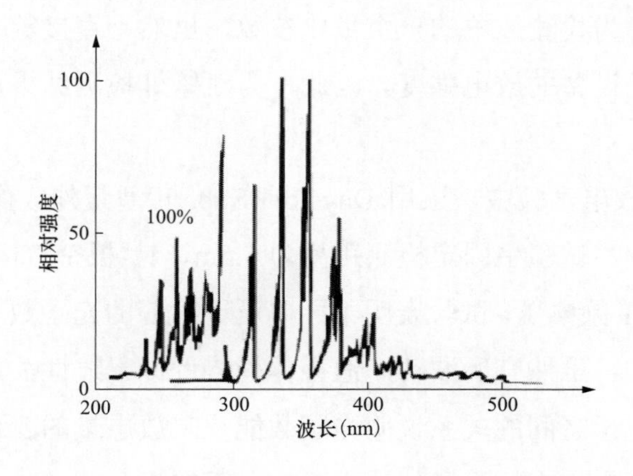

图 2-9 电晕放电光谱

从图 2-9 可知，电晕放电时辐射的光信号光谱分布广泛，可见光、紫外光、红外光都包含在此电晕放电光谱里。还可以发现此电晕放电光谱在包含了线状光谱的同时还存在连续性光谱，这进一步验证了前面对气体放电光辐射的理论分析，说明了激发辐射、复合辐射和韧致辐射确实出现在了电晕放电中。同时还可以发现，电晕放电辐射的光信号波长主要集中于波长为 280～400nm 的波段，并且在 240～280nm 波段紫外光相对强度最大，而日盲型紫外成像仪恰恰是通过探测波长位于240～280nm的日盲区的紫外光信号进行检测，这说明了紫外检测的可行性。

尖-板模型中电晕放电的光谱试验表明，电压间隙不同的情况下，尖-板电晕放电的光谱也与图2-9中电晕放电光谱一样分布广泛，紫外、红外、可见光三个波段都包含在内。相同气隙下随着电压增加，尖-板放电光谱的辐射强度发生了很大的变化，位于紫外波段的光信号辐射强度明显增加，而红外光反而减小。这是由于电压的增加导致相同间隙下尖电极电场强度增强，放电强度增加，而通过紫外光辐射强度的变化也可以反映出这一趋势。类似的，相同电压下，增大气隙距离，可发现两者的辐射光谱范围基本相同，但是紫外光辐射强度明显减小，而红外光辐射强度增加。这是由于相同电压下，增大间隙，尖电极的放电强度随着场强的降低而降低，此时紫外辐射强度也出现了与放电强度和场强一致的变化。

综上，紫外光信号可以对电晕放电强度进行一定程度上的表征。

2.3.4 视在放电量与紫外检测结果的关系

视在放电量作为检测放电的一个量化参数，虽然不直接等于设备的放电量，但它能有效地表征设备的放电强度。因此，为对紫外检测结果反映设备放电的有效项进行验证。

在针-板电极放电试验中，采用DayCor®Superb型紫外成像仪对针-板模型的交流放电进行检测，试验中固定检测距离为5.5m，针-板空气间隙距离为30mm。对针-板电极施加工频电压，试验表明不同电压下对应的光子数与视在放电量随着电压的增加而增加，虽然有所波动，但整体趋势近似于线性关系。

光子数与放电量之间的关系说明光子数能反映放电量的变化，进一步说明了光子数能在一定程度上表征设备的放电强度，反映设备放电的严重程度。因此，采用光子数作为紫外检测结果来研究设备的放电是可行的。

2.3.5 输电设备的典型放电缺陷

按发生放电的设备类型可将输电设备典型放电缺陷分为两大类：放电导体类和绝缘体类。

（1）放电导体类。

输电设备中导体主要包括导线、金具、均压环、间隔棒等。由于运行老化、积污、设计不合理、施工等原因均可能造成其发生放电，几种典型的放电缺陷如下：

1）导线线径过小、断股、散股。导线线径过小后，造成导线表面电场分布过大，同时断股和散股后均可能造成导体表面电场过大，进而引发放电。

2）金具、均压环等表面存在毛刺、积污、破坏、严重锈蚀等。毛刺、积污、破坏、严重锈蚀等造成金具、均压环等设备表面平整度发生改变，进而引发表面电场的畸变，导致金属表面出现放电。

3）间隔棒等脱开。子导线间隔棒脱开后会在脱开部位末端形成间断，进而引发放电。

导体类设备放电图谱如图 2-10 所示。

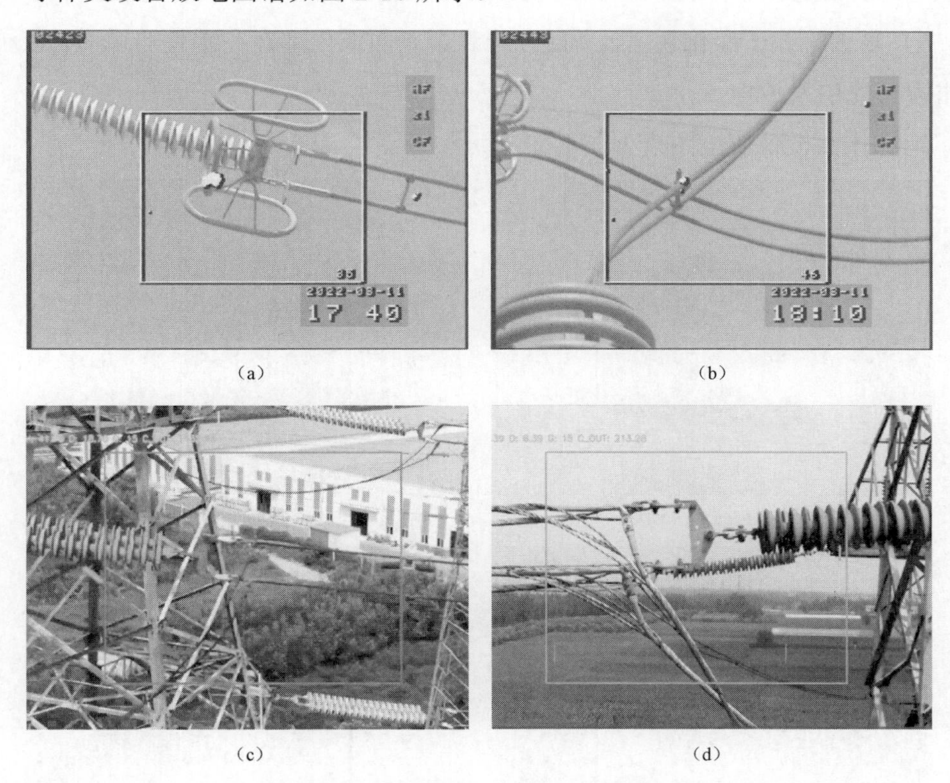

图 2-10　导体类设备放电图谱

（a）均压环表面放电；（b）间隔棒脱开放电；（c）耐张线夹放电；（d）连接螺栓放电

（2）绝缘体类。

输电设备中绝缘体主要包括复合绝缘子、瓷质绝缘子和玻璃绝缘子三类，由于运行老化、产品质量等原因可能造成其表面电场发生改变，进而引发放电，但一般输电设备绝缘裕度较大，需空气中湿度较高或绝缘体表面有水分时方可引发放电，几种典型的放电缺陷如下：

1）零值绝缘子。当瓷绝缘子串中零值绝缘子达到一定数量后，使绝缘子整体电场分布发生较大改变，进而有可能引发放电。

2）绝缘子表面积污。当绝缘子表面积有严重的高电导率污秽，且空气湿度较高或绝缘子表面有水分时，绝缘子表面电场发生严重畸变，继而引发放电。

3）复合绝缘子护套开裂。受外力破坏或运行老化等，复合绝缘子护套可能发生开裂，在潮湿天气下可能引发放电。

4）复合绝缘子酥朽。复合绝缘子芯棒酥朽后内部场强发生改变，可能引发内部放电，并击穿护套，进而检测到表面可见放电。

5）复合绝缘子碳化通道。当复合绝缘子表面或内部存在碳化通道时，在通道的末端可能引发放电。

绝缘体类设备放电图谱如图 2-11 所示。

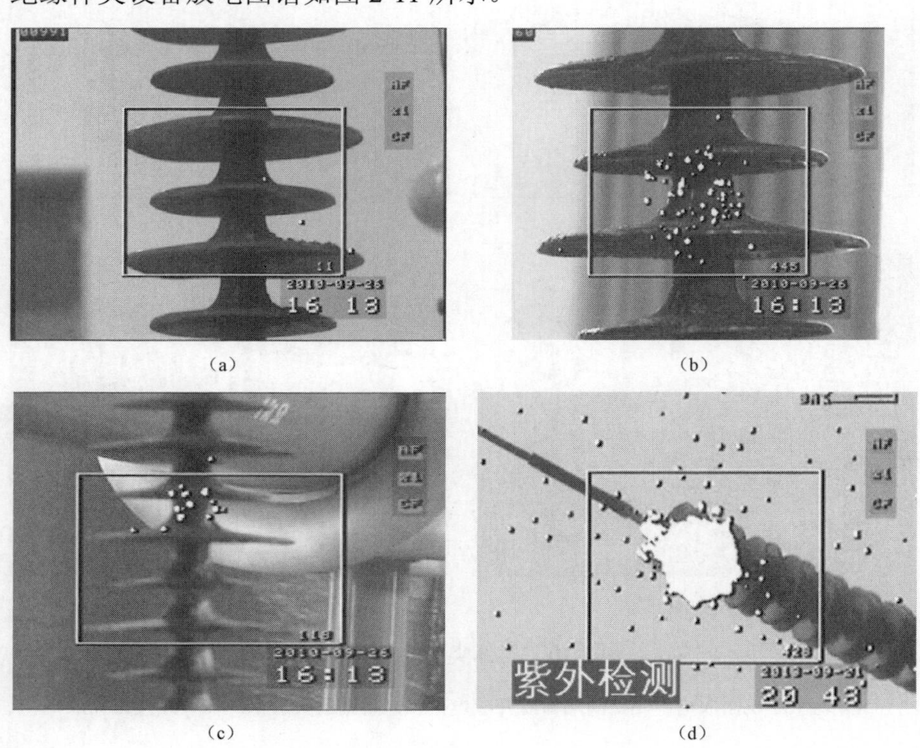

（a）　　（b）

（c）　　（d）

图 2-11　绝缘体类设备放电图谱

（a）复合绝缘子表面碳化通道；（b）复合绝缘子护套开裂；

（c）复合绝缘子内部碳化通道；（d）瓷绝缘子严重积污

3

多光谱巡检技术在输电线路上的应用

3.1 可见光巡检

3.1.1 人工巡检

传统的人工巡检在我国具有悠久的历史，不同电站、电厂的长期应用过程中逐渐形成了具有各自特色的成熟检测方法，输电线路的可见光人工巡检依靠巡线人员在地面使用拍摄设备对通道环境和线路设备情况进行巡视和信息采集，及时发现设备存在的缺陷和故障点，提出具体的措施、检修内容。由于可见光传统人工巡检覆盖范围广，巡视流程完备，目前依旧是获取输电线路设备状态数据的重要来源。

传统人工巡检的关键是保证人员的及时到位和正确记录杆塔线路的缺陷信息，并把检查的结果及时汇报，消除隐患缺陷，但是在传统人工巡检过程中巡检人员根据所携带的纸质巡视作业指导书中的要求进行巡视，巡视结果受巡检人员主观意识影响较大，加之巡视工作环境影响，巡视数据不够精细准确或存在漏检情况，甚至未进行到位巡检，巡视结果手工填入巡视表，最后再交给管理人员进行人工汇总分析，极易出错，且工作量也很大。另外，人工巡检管理也存在不少问题，现有的巡检方法对于线路状态评测的部分指标比较模糊，造成不同巡检人员巡检同一线路后所提交的评测报告差别较大，甚至出现对同一状态对象的描述结果无法统一、相互矛盾的情况。巡检后，巡检人员将巡检记录数据汇总到管理系统备案，再根据故障记录情况决定是否采取必要的维修措施。一方面，数据缺乏规范化的描述方法和结构化的数据编码，巡视数据的可分析程度较低，难以被用于进一步分析，仅仅用于数据备案；另一方面，巡视数据的二次手工录入可能会造成错录、漏录等情况，再次降低数据的可靠性。

随着电网向着智能化的趋势发展，输电线路的规模和复杂程度越来越高，导致运维的数据量急速膨胀，更使得基于纸质人工巡检的评测方法暴露出一系列弊端：采用手工录入数据的方式劳动强度大、巡检周期长、检测质量分散、数据真实性不可控，定期巡视仅仅起到了地毯式排查的效果，缺乏重点，且巡视质量与巡视员责任心及专业素养紧密相关，导致巡视数据难以反映运行状况、可靠性低；

纸质表格提示信息有限、记录形式单一，对巡视情况描述存在片面性，且数字化分析困难，数据价值低。因此，为了解决实现输电线路巡检工作的科学化、信息化管理，提高巡检工作效率，为巡检员减负，国内开发和引进了不少数字化智能巡检技术配合人工巡检，例如使用手持终端设备（personal digital assistant，PDA）、自动识别技术、GPS（全球定位系统）巡线仪等多种类型的巡检方式。

手持终端设备（personal digital Assistant，PDA）的出现，取代了传统人工巡检中的纸质作业书，很大程度地提高了数据记录的规范性与数据传输的实时性。而手机、平板等智能移动设备的普及，弥补了PDA在数据记录灵活性、数据存储容量、数据传输速度和稳定性以及设备成本等方面的缺陷，形成了以智能移动终端为载体的输电线路巡检方案，实现了线路状态数据获取的准确性与系统数据识别的高效性。

近年来，自动识别技术是电力部门常使用的方式，即巡检人员到达现场以后，通过配套设备自动识别设备上条形码、IC卡、信息钮等记录的数据，从而把数据记录到配套设备中或者纸上。

卫星技术和地理信息技术的发展为输电线路巡检工作带来了新的转机，卫星能够为输电线路巡检系统提供GPS信号源，将地理信息结合到实际的巡检工作中去，能够实现提供电力设备的地理信息，监管巡检工作状态等多种功能。基于GPS的巡检方式是发展的趋势，而这种方式工作成本较低，只需购买卫星资源和配套的GPS设备即可，但是需要采集大量的地理信息数据，组成配套的GPS技术。

3.1.2 直升机巡检

直升机在飞行过程中具有较好的稳定性和悬停能力，应用于输电线路巡检是对传统人工巡检的技术提升。直升机可见光巡检作业，是指利用直升机和直升机上装载的可见光摄像设备、高倍防抖望远镜、防抖照相机等高科技设备，在机载巡检人员和飞行员的默契配合下，及时发现输电线路本体和线路走廊存在的缺陷和障碍，有效减少输电线路恶性事故的发生，是一种具有科技含量高、巡视效率高、缺陷和故障发现率高、不受地域影响，且方便、快捷、可靠的输电线路巡检作业方式。直升机巡检作业受天气状况的影响较严重，一般选择天气晴朗、风沙小、温度适合的天气进行巡检，这样可保证直升机巡检作业的有效时间，最大程度上提高直升机巡检作业的效率。

从直升机巡检情况来看，直升机通过机载设备对输电线路近距离实施全面检测和拍摄，可以准确、高效地发现线路缺陷和隐患，能全方位了解线路设备的运行情况，发现许多地面目测难以发现的缺陷（人工巡检只能发现30%左右的缺陷），如开口销缺损、螺母缺损或滑出、锁紧销缺损、导地线损伤、接地引下线断股或断开、引流跳线小握手损坏等细微缺陷，有效弥补了人工地面巡视的不足之处。特别是螺母和开口销同时缺失、绝缘子锁紧销缺失或失效、导地线断股、接地引线断开或磨损等缺陷，对线路的安全运行影响较大。

国外在直升机巡检电网线路相关方面的基础设施保障和技术研究均比较早，目前研究重点集中在新技术的应用和硬件保障等开发应用方面的研究。巡检过程对直升机无特殊要求，但飞行员应具有机长资格，巡线飞行应按目视规则飞行，同时要注意对山区地形及海拔高度的限制。

国内学者主要从直升机巡检电网线路的经济性和相关技术运用出发，开展了巡检技术的研究。目前，直升机巡检是国家电网公司推行的线路巡检业务新模式，综合应用了可见光、红外、紫外等先进高效的手段，具有故障发现及时、工作效率高、人工无法替代等优点。

3.1.3 无人机巡检

近年来，随着遥感、自动控制、信息处理、图像识别等新技术快速发展，无人机技术在铁路、交通物流、农业植保、石油化工等行业获得了广泛应用，自然而然，电力行业也对无人机技术运用于输电线路巡检的可能性进行了积极的探索。可见光无人机巡检时利用无人机搭载高清相机和高清摄像机，拍摄巡线图片和视频，实时传输到地面基站或存储下来，再由基站工作人员根据图像和视频中线路的外观确定是否发生故障。视觉探测能有效发现线路表面的显性故障，例如导线的断股、异物悬挂；杆塔的变形、金具松脱；绝缘子的破损、闪络等故障，其精度和准确度取决于图像的质量。无人机巡检可分为多旋翼无人机巡检和固定翼无人机巡检。其中，多旋翼无人机通常由飞手在巡查地点附近升空，利用无人机吊装的摄像头进行巡查，其重点监测对象与直升机巡检类似，检查架空线路本体，包括导地线、绝缘子、金具、杆塔等，以及线路通道的异常情况和缺陷隐患；固定翼一般沿线路飞行，采用连续拍照或视频录像的方式采集影像，对于连续拍摄的图像一般进行拼接处理，形成通道全景图，由于无悬停功能，其重点监测对象为线路通道、周边环境、沿线交叉跨越等宏观情况，兼顾较为明显的设备缺陷（如杆塔倒伏、断线等）。无人机巡检示意图如图 3-1 所示。

图 3-1　无人机巡检示意图

将无人机应用于输电线路的巡检最直观的优点有以下几点：

（1）对巡检人员来说，无人机能有效地帮助他们克服地形以及天气状况的限制，大大降低巡检人员的工作强度，也能降低在巡检过程中由于恶劣自然环境带来的伤亡风险。

（2）无人机巡检相较于人工巡检，其巡检效率大大的提升，能有效地降低对同一目标的巡检周期。

尽管用无人机代替人工进行巡检能大大地克服地形与天气的限制，一定程度上能提高巡检的效率，但是在对输电线路中各部分的运行情况的判断上，现阶段主要还是工作人员通过肉眼对图像资料进行判别得到。在巡检的过程中，无人机所拍摄的图像资料数据量较大，若所有的图像均需要肉眼进行判别，效率无疑比较低。所以，巡检人员期望无人机在对输电线路进行巡检的过程中，能自动地对输电线路中各种部件的运行状况进行判断，并将故障信息传输回云端。而想要对输电线路中各种部件的运行情况进行判断，对电力部件的准确识别是前提。因此，若能准确与快速地对输电线路中的电力部件进行识别，将为后续的故障实时诊断打下坚实的基础。

关于无人机在电力巡检中的使用，最早利用无人直升机进行巡线的是英国威尔士大学和英国 EA 电力咨询公司。日本关西电力公司与千叶大学研制的无人机系统能实现巡检铁塔的倾斜、导线的断股散股、雷击闪络点、材质的锈蚀等缺陷，它能够实现线路缺陷的自主检测与图像的监控技术，并且构建出三维图像来计算周围树木建筑与线路之间的距离；RIPL 飞行机器人利用可见光摄像头获得的动态的可见光图像进行目标测距，并通过机器视觉识别无人机附近的障碍物，从而实现视觉导航和电力线路检测。西班牙马德里理工大学将机器视觉技术应用到无人机导航系统中，综合 GPS 与图像数据处理技术研究导线跟踪算法，实现了无人机巡检中的自主导航。

近些年来，我国也开始研究利用直升机巡线的技术，并取得了阶段性成果。研究人员在无人机上安装高清相机进行信息采集，然后将采集的图像数据应用图像识别技术进行处理和分析，从而实现准确识别输电线和杆塔；在极端天气下电力设备损坏概率较高，研究人员将无人机应用于极寒环境下对电力线路的覆冰情况进行了巡检；国家电网公司多年前就开始在部分地区试验，使用无人机进行电力线路巡检，已经取得一定研究成果。目前正在积极培养无人机巡线飞手，大力推广人工+无人机配合的电力线路巡检方式，排查输电线路走廊故障隐患，保证了高压线路的零缺陷投产，不仅提高巡检效率达到人工巡检的 8～10 倍，而且大大降低巡检成本。大、中型无人机现已成为交流 220kV 输电线路的常规检测手段，也是直升机巡检方式的重要补充，而人工搭配小型无人机的巡检方式，以其结构紧凑、操作简单、适应性强等特点广泛应用于 110kV 及以上线路杆塔的故障检测、常规巡检化及近距离小范围通道巡视等任务中。图 3-2 为可视化监拍图谱。

图 3-2　可视化监拍图谱

无人机巡检与传统的电力巡检不同，由于其航拍的特殊性，在实际的巡检过程中的检测算法需要满足：在角度、距离、光照、环境等复杂的自然因素下仍然能识别目标物体。在无人机的巡检识别过程中，传统的电力巡检识别算法准确性不再可靠。但随着近年来计算机对于数字图像处理的性能逐步提高，利用深度学习技术对电力线路和绝缘子的定位和识别逐渐成为趋势。

3.1.4 智能机器人巡检

在输电线路当中，巡检机器人（见图 3-3）一般由移动载体、通信设备及摄像头、红外成像仪和声音采集卡等音视频数据检测设备组成，根据程序中设定的指令与任务，在杆塔、绝缘子或地线上移动，来完成对设备的音视频采集与传输工作。巡检机器人使用了 AI 识别、深度学习、嵌入式控制和网络通信等技术，采用了自动和手动两种控制方式来完成巡检任务，克服了人工巡检时需要面对的诸多问题。巡检机器人的巡检系统以灵活的机械结构为基础，能够实现障碍物的有效跨越；搭载可见光摄像机，可以实现对输电线路周围障碍物的有效识别和测距，同时将障碍物的特征信息反馈至后台。巡检机器人基于调动可见光摄像机拍摄线路周围的环境信息，将各项数据传输至机器人内置处理器，分析处理后的数据传输至通信模块，通信模块将数据传输至后台服务器和终端。巡检机器人集合了机械设计、电源技术、通信技术和自动控制技术，其巡线系统能够实现在复杂环境下对输电线路按预定程序设计进行监测，判断线路的运行状态，通过状态监测将现场的特征信息反馈至后台，提醒后台工作人员及时处理并采取有效措施。

图 3-3 巡检机器人

巡检机器人检测对象通常为线路设备和通道环境。根据巡检路线的不同，其移动载体有多种形式，以应对不同巡检任务的线路越障、爬坡能力、续航能力、与导线的安全距离等要求。此外，巡检机器人通过处理后，比人更适应在高温、高压等艰难条件进行工作，避免了人力执行巡检作业时的风险。巡检机器人通过定时地充电续航，能实现全天候自动巡检功能，完成对电力设备的状态观察、环境信息收集。

随着电网工程建设规模的不断扩大，输电线路巡检工作量和难度系数在不断提升。现阶段对于巡检人员出现了供不应求的现象，但是，采用人工巡检方式无论是在质量方面还是在效率方面与巡检机器人的应用都相差甚远。输电线路机器人的开发研究已经成为现阶段的重要课题，得到了国内外许多研究机构的高度关注。这种机器人在实际输电线路巡检应用过程中有着良好的应用优势，但是同样存在着一些缺陷问题，通常主要表现在实用性相对较低，整体重量相对较大，而且难以有效实现越障，无法长时间投入运行。

输电线路巡检机器人的研究起始于20世纪80年代，日本、加拿大、美国等国家先后开展了巡检机器人的研究工作。1988年，东京电力公司研制了一台光纤复合架空地线巡检移动机器人。该机器人利用一对驱动轮和一对夹持轮沿地线爬行、越障完成整个巡检过程，主要靠自身携带一个弧形导轨实现越障功能。但机械本体平衡能力差、稳定性差，难以实现控制。美国加利福尼亚州Palo AIto电力研究院于2001年研制出了一种空中巡检系统，该系统可在输电线上高速飞行，拍摄并记录输电线及相关设施（绝缘子、金具、杆塔等）的状况，利用GPS定位系统标识出杆塔、建筑物等目标体的坐标。

20世纪90年代末，我国的一些大学与研究机构开始研究电力巡检机器人。因为采用引进相关产品和技术，并在此基础上进行技术创新，所以发展较快。武汉大学受国家“863”计划资助，20世纪90年代研发出一款高压线路巡检小车。由于小车采用双驱动轮结构，能够越过线路上大多数障碍物，但其线上行走只能依靠地面工作人员遥控，无法自动运行。随着科技水平的不断提高，21世纪初又研发了输电线路巡检机器人。其采用两个三形轮交替越过障碍，两个机械臂携带夹爪和机械臂伸缩关节实现对架空地线典型障碍物的交替越障，但缺点是机器人采用双臂式设计，运行稳定性较差，越障过程繁琐，不能跨越未安装辅助过桥装置的杆塔。2010年，山东科技大学研制出一款三臂线路巡检机器人能够完成柔索巡检、线路清障等工作，但由于该机器人机械结构复杂、电机数量多导致尺寸大、重量大，因此存在越障不稳定问题，阻碍了机器人的应用与推广。虽然经过30

多年的研究探索，取得了一定的成果，但目前输电线路巡检机器人还处于小范围探索试用阶段。一方面，线路巡检机器人的巡检效率较低，上、下线步骤较为繁琐；另一方面，电力线路通常装有各类金具或附属设备，要求机器人具备一定的越障能力，不仅增加巡检自动化难度，有时还需对线路路径进行改造；同时，存在机器人对线路造成损伤的隐患。但线路巡检机器人可以在导线上近距离对部件进行检测，在检测精度及小尺度缺陷检测上具有无可比拟的优势。

3.1.5 在线监测装置巡检

输电线路在线监测系统通过传感器技术、通信技术和信息处理等技术实现对输变电设备运行状态的实时感知、监视预警、分析诊断和评估预测。架空线路图像视频监控装置通常安装在杆塔上，将采集到的视频图像通过通信系统传输到监测中心，利用监测中心的图像处理和识别系统实现对输电线路的状态进行自动识别。根据监测对象的不同，输电线路在线监测技术可以分为输电线路本体在线监测技术和输电线路通道环境监测技术两类。输电线路本体在线监测技术包括杆塔、导线、绝缘子、金具等的运行情况；输电线路通道环境监测技术包括输电线路覆冰监测技术、微气象环境监测技术、生长物监测识别技术、施工监测识别技术等。输电线路远程监测技术不仅可以利用摄像机等相关设备及装置实现对输电线路的远程监测，帮助工作人员实现对输电线路运行状态的监测，而且还可以实现在必要的时候将故障信息进行报警，提示工作人员及时检修排故。通过研究各类输电线路的在线监测系统及方法，发现输电线路在线监测关键在于前端采集到的输电线路信息。

20 世纪 80 年代开始，美国、日本等工业发达的国家开始对输电线路进行检修来延长输电线路的大修周期。日本的 JPS 公司在输电线路上是作了较为全面的研究，在诸如故障定位监测、气象环境监测、线路温度、导线拉力等方面都有涉及；美国的 GUI 公司在实时监测、故障检修技术方面有着较为丰富的经验；卡内基梅隆大学开发的 VSAM 系统、英国雷丁大学等研究的 ADVISOR 系统，通过软件方法实现了对线路的监测、提出了一种 SIFT 特征匹配的方法，用于测量杆塔倾斜程度。通过在线监测以及状态分析的方法，不仅可以提高维护检修效率，而且可以将输电线路检修周期延长。通常来说，设备的检修周期可以从 3～5 年延长至 6 年以上，大大减少了检修带来的人力、物力及财力的消耗。

我国在线监测技术研究起步较晚，但随着现代电子通信技术的成熟与推广，输电线路远程在线监测技术取得了长足的进步，一系列输电线路在线监测系统相继出现，如覆冰在线监测、导线舞动在线监测、电力线防盗在线监测、通道环境在线监测等，有效地提高了现有输电线路的运行安全水平。哈尔滨理工大学的范贝贝通过软件开发手段将智能视频分析技术应用在输电线路杆塔在线监测中，提出了一种基于智能视频的输电线路杆塔状态在线监测方法，解决了在线测量输电线路杆塔倾斜等问题，实现了对输电线路杆塔运行状态的智能在线实时监测。上海电机学院的程伟臻将互联网通信技术，包括 C++语言、数据库计时以及软件设计模式等技术应用到电力系统在线监测中，设计并实现了一种输电线路大型机械入侵视频在线监测报警系统及软件，完成了对输电线路两侧大型机械入侵的智能监测，为输电线路的安全可靠运行提供了保障。电子科技大学的冉启华设计并实现了一套基于 GPS 的输电线路在线监测系统，该系统将数据通信技术与数字图像处理技术以及智能视频处理技术等新技术应用到智能在线监测研制中，结合 JAVA、B/S 以及数据库等软件开发技术，解决了传统输电线路巡检维护效率低、准确性不高以及及时性不够等问题。南京航空航天大学的章红军设计并开发了一套输电线路实时视频监控系统软件，可以对输电线路周围情况进行实时全方位的监测，当有异常情况发生的时候，可以通过彩信方式将异常图片发送到工作人员手机上，以达到预警的目的，提醒电力工作人员及时采取相关措施以防止线路事故的发生。输电线路在线监测系统总的发展方向主要体现在以下几方面：监测对象全面、监测手段先进、监测装置可靠性高、综合状态评估理论方法科学合理。

3.2 红外光巡检

3.2.1 红外测温影响因素分析

（1）大气吸收的影响。红外线在辐射的传输过程中，总会发生能量衰减的现象，造成这种衰减的主要原因之一，就是大气吸收的影响。所谓红外线的“大气吸收”是指红外线在大气中进行传输，其能量形式由辐射能变成其他形式的能量或另一种光谱分布的过程。大气中的水蒸气和二氧化碳是吸收红外线的主要气体成分，其一般存在于靠近地面的区域。为了得到更加准确的红外测温效果，避免大气吸收的影响，一般采取以下措施：

1）在大气较干燥和清洁的季节多安排电气设备的红外测温工作，在日常红外测温时应确保测量环境的空气湿度小于 85%，若距被测设备较近时，湿度要求可以适当降低。

2）一般来说，对被测设备越近测量结果越准确，但前提是要保证安全，若测量距离较远时，要注意修正测温设备的距离系数。

（2）太阳光辐射的影响。由于太阳光的反射和漫反射在 3～14pm 波长区域内，当红外热像仪设定的波长区域与这一波长区域接近，就会极大地影响红外热像仪的正常工作和准确判断。因为在太阳光照射的情况下，被测物体会因为照射在表面产生温度上升情况，此温升会与被测设备的周围环境中形成的稳定温升叠加从而使测量的结果出现偏差。

（3）周边物体热辐射的影响。当周边物体温度比所测物体的表面温度高或低时，或者所测物体其本身的辐射率较低时，它的测量结果就有可能受到邻近物体热辐射的影响。需要测温的物体温度越低，它的测量结果就有可能受到临近物体热辐射的影响。需要测温的物体温度越低，或其本身的辐射率越小，来自邻近物体的辐射影响就越大，由于反射等于一个负的辐射率，两种情况下都将有一个较大的反射辐射总量。因此，为了消除临近物体对被测目标的反射干扰的影响，在红外测温时一般应采取屏蔽措施，或选择正确的测试角度和位置进行测量。

（4）气象因素的影响。雨、雪和大风等不良的天气因素，会给故障检测带来不利影响。在雨雪天气时，变压器表面积存雪水的融化与蒸发会使散热量增大，从而影响故障部位与正常部位之间特性型温度传导。风速也是影响设备表面对流散热的重要因素。在风力情况复杂的条件下，由于受到对流冷却的影响，使设备表面或接触面的热辐射降低，若此时在设备的这些区域存在发热缺陷时，由于风力改变了散热系数，这些缺陷区域的温度减低，在红外测温时很可能被忽略。

（5）发射率选择的影响。在物理学中，任何物体都有黑体辐射的能力，不同的物体由于材料、形状、表面粗糙度、凹凸度、氧化程度、颜色、厚度等的差异，其黑体辐射能力不同。发射率是指描述物体相对于黑体辐射能力大小的物理量。

规定发射率都在大于零和小于 1 的范围内。在相同的辐射条件下，设备相同辐射功率时，设备温度的高低取决于设备发射率的高低。因此，即使由同样材料制成的相同设备部件，或同一部件在不同时期，尽管实际温度相同，但因表面形状不同，仍可显示不同的测温结果。

在实际测量中消除发射率影响的主要方法有：

1）确定发射率进行对比。在确定发射率后，若红外测温仪本身自带发射率修正功能，则将仪器的发射率设定为确定好的数值。若成像仪没有发射率修正功能，则在检测结果进行分析处理时，应用上述发射率值进行发射率修正，以便获得被测设备表面的真实温度。

2）涂敷适当漆料来增大发射率。实际工作中，对于一些经常测量的设备区域或部位，会通过在其表面涂特种漆料来增大发射率，以便获得更准确的测量结果。

（6）距离系数设定的影响。红外测温仪作为光学设备，测量距离有限，只有被测设备在测温仪规定的范围内时才能进行测量。如果距离被测物体太远，仪器吸收到的辐射就会减小，因此对于温度不太高的设备接点，温度测量十分不利。同时，当仪器的距离系数设定不满足远距离被测物体的测量要求时，一般会造成较大的误差。当选取不同远近物体作为背景时，距离过大会出现负值的情况。因此在红外测温时，除满足《安规》规定的安全距离的要求外，重要的是设置好测温仪的距离系数，满足测量角度和合理位置的要求。

（7）负荷率对设备温升的影响。设备电流越大时，该设备发热越多，即物体的负荷率越大时，其发热的情况越严重。理想状态下，为了检测设备的发热缺陷，会让导体流过额定的负荷电流，这样在大电流通过一段时间后，获得稳定的温升时，再进行测量。通过比较设备不同负荷下的温度，建立一个统一的标准，才能将设备缺陷的温升换算到额定负荷时的温升与规程标准值进行比较，实现对设备缺陷程度的准确判别。

（8）影响红外测温准确性因素的对策。

1）太阳辐射影响对策：为有效解决太阳光直接照射被测物体产生的温升叠加作用，防止附加温升的影响，在实际巡检测量中，红外测温宜选择夜间或阴天进行，如果条件允许可在测温仪上加装太阳滤片。

2）气象因素影响对策：为降低风力散流对红外测温仪准确性的影响，测温工作应尽量选择无雾、无雨雪天气进行，环境风速应小于 0.1m/s，最大风力不能超过三级。

3）大气吸收影响因素对策：为减少大气衰减的影响，实际工作中，红外测温工作应尽量安排在春、秋等干燥和清洁的季节，环境相对湿度要求不大于 85%。

4）发射率选择影响的对策：在红外测温工作开始前，应准确设定目标物体的发射率，条件允许的情况下，可在表面涂敷适当漆料，使发射率趋向 1，实现增大和稳定发射率值。

5）环境影响因素的对策：在环境温度剧烈变化时，不宜进行红外测温。红外测温应尽量在日出前或日落后 3h 之内进行，这样可有效避免太阳辐射的影响，确保环境温度的稳定。也可选择好环境温度的参照体，将它代替环境温度参与相对温差计算。

6）设备运行情况影响因素的对策：在检查电流回路缺陷时，尽量在满足负荷状态下运行，如果不能，尽可能使电流回路内的电流负荷越大越好，至少要保证负荷率不低于 30%。为了使设备有稳定的温升，检测应在稳定运行状态下有足够时间再进行。对套管设备，通电时间 3h 以上；对避雷器或耦合电容器进行红外测温时，应保证设备至少运行 6h 以上。

3.2.2 红外测温诊断方法

红外测温诊断的根本目的是及时发现和处理设备存在的缺陷，避免设备长时间带缺陷运行造成设备故障。为了不断提高判断的准确性，在加强基本能力提高技术经验的前提下，掌握设备诊断综合分析的基本方法至关重要。

不同的气象环境条件、环境温湿度、负荷情况、发热部位都会对现场红外测温的准确性产生影响，为提高红外测温的准确性，不仅需要熟练掌测温仪的使用方法，具备技术经验，还需要掌握一定的方法进行红外测温，在电气设备红外诊断中，应进行对比分析，找出在当前设备运行模式下，最有效、最快捷的测温方式，采取不同的推导方法并进行综合分析判断。

1. 分析比较判别方法

目前实际工作中，主要采取以下几种分析比较判别方法：

（1）表面温度判断法。根据测得的设备表面温度值，对照 GB/T 11022—2011

的有关规定，温度（温升）超过标准的情况下，根据设备温度超标程度、设备负荷水平大小、设备重要性及设备承受机械应力的大小来确定设备缺陷性质，对在小负荷率下温升超标或机械应力超标的设备要从严定性。该方法主要用于变电站内设备线夹等位置，对于输电设备而言，金具（线夹）处也可采用表面温度判定法，如图 3-4 所示，当热点温度大于 130℃时可判定为危急缺陷，当热点温度大于 90℃且小于 130℃时可判定为严重缺陷，同时金具（线夹）温度判定也应结合同类比较判断法进行确定。

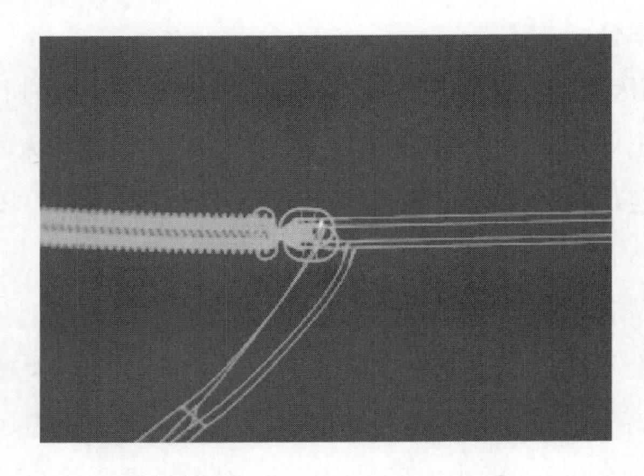

图 3-4　线夹过热典型红外图谱

（2）同类比较判断法。根据同组三相设备、同相设备之间及同类设备之间对应部位的温差进行比较分析。对于电压致热型设备，应结合图像特征判断法进行判断；对于电流致热型设备，应结合相对温差判断法进行判断。如图 3-5 所示，同相双子导线金具温度进行对比，上子导线金具温度明显高于下子导线金具温度。

（3）图像特征判断法。主要适用于电压致热型设备。根据同类设备的正常状态和异常状态的热图像，判断设备是否正常。应尽量排除各种干扰因素对图像的影响，必要时结合电气试验或理化分析经过，进行综合判断。如图 3-6 所示，通过热像图可以发现绝缘子高压侧有明显过热点。

（4）相对温差判断法。相对温差法主要适用于电流致热型设备。特别是对小负荷电流致热型设备，采用相对温差判断法可降低小负荷缺陷的漏判率。采用相对温差法时需知道正常部位及环境温度，且所测值应为同一仪器同时或相继测得的值，不可采用该判断方法的前提是测温处的温升值小于 10K。

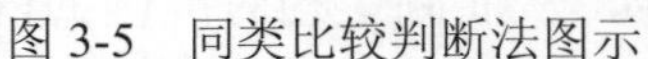

图 3-5 同类比较判断法图示

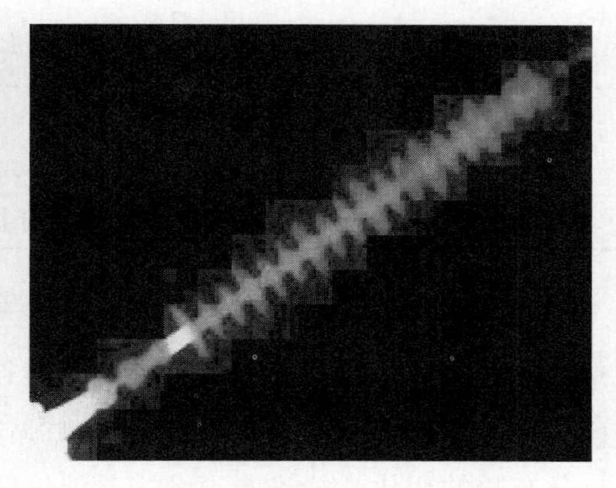

图 3-6 图像特征判断法图示

（5）档案分析判断法。将日常红外测温积累留下的数据建立典型数据库，将被测设备的发热温度数值与典型数据库进行对比分析，查找该设备不同时期的数据值，分析设备发热的规律，建立发热波形图，将设备进行缺陷定性。还可以参考设备其他性能变化情况进行综合判断。

（6）实时分析判断法。在一段时间内，应用红外测温技术对某设备进行连续红外测温，观察设备温度随负载、时间等因素变化的情况。优点在于能够根据运行情况及时发现设备缺陷，判断是否需消缺及何时消缺，能够跟踪了解设备故障状态的发展过程。

2. 红外测温诊断方法的比较

如表 3-1 所示，通过比较分析发现，使用图像特征判断方法进行设备测温具有明显优势，只要和传统的测温图像进行比较，就能发现故障。但是这种方式在日常工作中，应用不多。使用较多的是相对温差判断法，这种方式虽然受参照物的影响较大，但在日常工作中，参照物和设备处于相同的电网系统及环境中，具有较准确的参照性，此外，这种方法在故障性质判别和缺陷定位上具有明显的优势。从运维角度出发，工作人员在巡视过程中能够及时发现发热点。

表 3-1　　红外测温诊断方法的比较

诊断方法	优　点	缺点
表面温度判断法	对照体系明了严格，易于判断缺陷	受环境因素影响较大
同类比较判断法	能够快速判断故障	受参照物影响较大
图像特征判断法	定向的检测分析较准确	需要具备红外成像图谱库，工作量较大
相对温差判断法	在故障性质判别和缺陷部位定位上具有优势	受参照物影响较大

续表

诊断方法	优　点	缺点
档案分析判断法	易于早期发现设备故障	需要红外成像图谱库，人工工作量较大
实时分析判断法	能够掌握缺陷发展状态，便于核实检修消缺	需要实时跟踪，耗费人力时间

灵敏性和准确性是红外测温技术在输变电设备发热缺陷检测和诊断方面的显著优点，当前把红外测温定期开展作为输电设备发热缺陷检测的重要检测手段。在实际工作中，通过巡视人员人工测温，逐渐形成热成像档案库，最终形成通过热分布长的变化就能推断设备内部温度变化规律，从而制定相对准确的内部缺陷判断标准。

3. 红外热像仪拍摄使用技巧

（1）聚焦到位（这是所有拍摄的前提）；

（2）选择合适的角度，避免环境反射的影响，准确定位最热点；

（3）在保证安全的情况下，尽量靠近被测物；

（4）被测物尽可能充满整个画面；

（5）突出重点，故障点尽量在画面中心附近；

（6）画面干净，减少背景干扰。

3.2.3　红外测温典型故障分析

3.2.3.1　电流致热型故障

1. 电流致热型设备故障特点

（1）带电设备故障绝大多数为电流致热型故障，热点明显，通常在导体上，面积较小，温升大、温差大。

（2）通过表面温度判断法、同类比较法及相对温差法定量、定性分析，容易判断。

（3）故障原因多为接触不良、导线散股断股、流通截面不够等，可通过测电阻进一步判定。

（4）拍摄时，热像仪辐射率通常设为 0.90，对拍摄环境要求不高，距离、环境温度等参数对结果判断影响不大。

2. 现场案例分析

（1）线夹类故障。图 3-7 所示，某 220kV 线路引流板故障，中相下引流板温度为27.6℃；图3-8为某导线T接处故障，导线T接处，最高温度为210℃。

（2）导线类故障。由图3-9可发现，导线出现故障，故障原因一般为导线散股或断股，发热部分可能并非故障所在处，低温部分反而有缺陷。

图3-7 某线路引流板故障

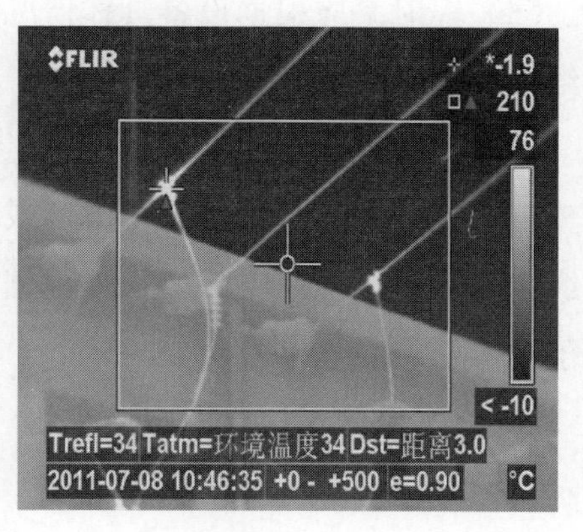

图3-8 某导线T接处故障

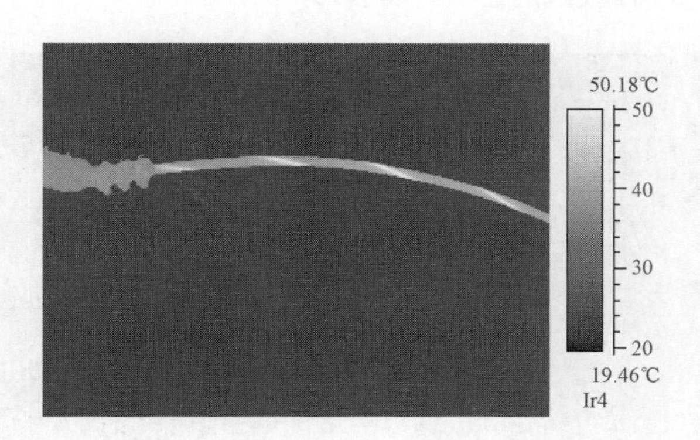

图3-9 导线类故障

3.2.3.2 电压致热型故障

1. 电压致热型设备故障特点

（1）电压致热型设备故障比较少，热点不明显，但有问题时多为严重问题，DL/T 664—2016《带电设备红外诊断应用规范》规定：电压致热型设备的缺陷一般定为严重及以上缺陷。

（2）发热点通常在绝缘介质上，面积较大，通常为整体或局部区域，温升小、温差小。

（3）通过同类比较判断法、图像特征法及档案分析法进行定量、定性分析，须整体把握。

（4）故障原因多为受潮、劣化、化学变化等，需要通过解剖、耐压、绝缘电阻等方法进一步判定。

（5）辐射率应根据设备具体情况而定，环境要求高，距离、环境温度等参数对结果判定影响较大。

2. 现场案例分析

（1）瓷绝缘子劣化。由于电气或机械原因，绝缘子出现疲劳破损现象，造成绝缘电阻减小，泄漏电流增大。根据绝缘电阻减小程度，劣化绝缘子分为低值绝缘子和零值绝缘子。

a）低值绝缘子：阻值范围为 10～300MΩ，热像图以钢帽为中心，如图 3-10 所示。

b）零值绝缘子：阻值范围为 0～6MΩ，热像图特征是与相邻良好绝缘子相比呈暗色调（负温升），有缺齿的感觉，如图 3-11 所示。

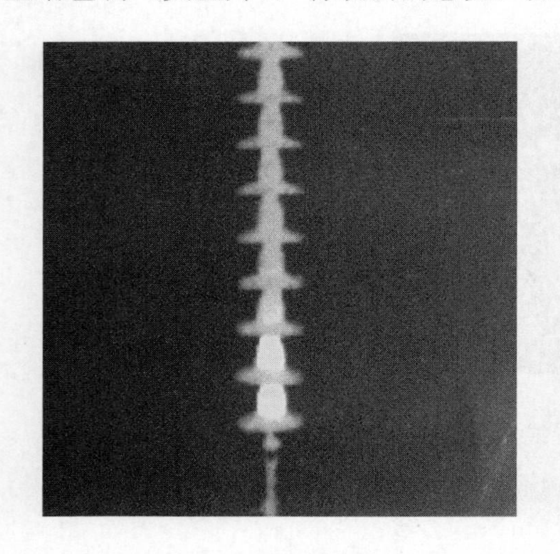

图 3-10　以钢帽为中心的低值

图 3-11　零值绝缘子故障热像图

c）红外检测盲区：阻值范围为 6～9MΩ，其与正常绝缘子相比无明显温升，故无法通过红外热像图直接诊断。

（2）绝缘子表面积污。因环境污染使绝缘子表面爬电泄漏电流增大，热点在瓷盘上，温升越高，污秽越严重，如图 3-12 所示。

（3）复合绝缘子护套老化。当复合绝缘子护套材料老化程度较为严重，且遇潮湿等天气时，护套材料极化损耗增加，表现出绝缘子高压侧与第一伞裙间护套发热，如图 3-13 所示。

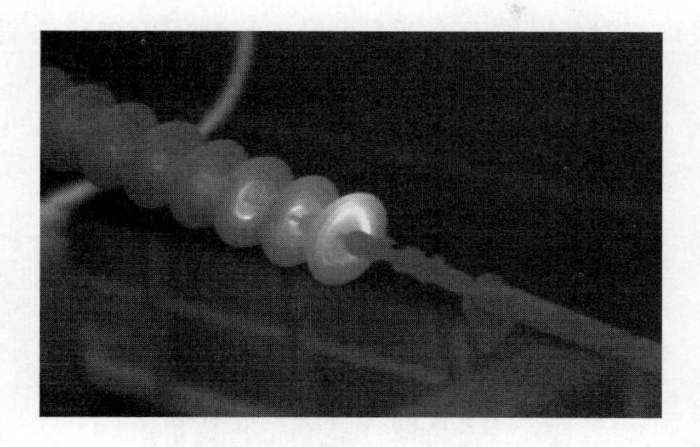

图 3-12　绝缘子污秽热像图

图 3-13　复合绝缘子护套老化热像图

（4）复合绝缘子表面严重积污（见图 3-14）。当绝缘子表面严重积污后，遇潮湿天气，在绝缘子伞裙根部即出现发热，发热不具备连续性。

图 3-14　复合绝缘子表面严重积污热像图

（5）复合绝缘子芯棒酥朽。当复合绝缘子出现酥朽后，在酥朽部位即出现温升，解剖后可发现绝缘子芯棒存在明显变黄、碳化等痕迹，如图 3-15 和图 3-16 所示。

图 3-15　复合绝缘子酥朽热像图

图 3-16　复合绝缘子酥朽解剖结果

3.2.3.3　电流致热型设备与电压致热型设备拍摄要点

清晰的红外热像图需调整热像图温标条的电平及跨度，以发现细微故障。温标条的电平值为温标条的上限与下限值之和再除以 2，即温标条的中间值，反应的是红外热像图的明暗度。而跨度值则为温标条的上限值减去下限值，反应的是红外热像图的对比度。

对于温差较大的电流致热型设备，采用温标条自动调节，特点是方便、快捷，如图 3-17 所示。

对于小温差的电压致热型故障，采用温标条手动调节。特点是：通过温标条手动调节，能有效地调节图像的亮度和对比度，从而发现一些细小的故障，准确地判断故障位置。如图 3-18 所示，通过改变温标条的电平和跨度，跨度值设为 11.9～17.8℃，提高了图像的对比度，使得绝缘子表面发热清晰可见。同时部分情况下绝缘子表面温差过小时，需采用专用红外分析软件，得出绝缘子表面温度分布，如图 3-19 所示，进而可清晰分析绝缘子表面的温度变黄情况。

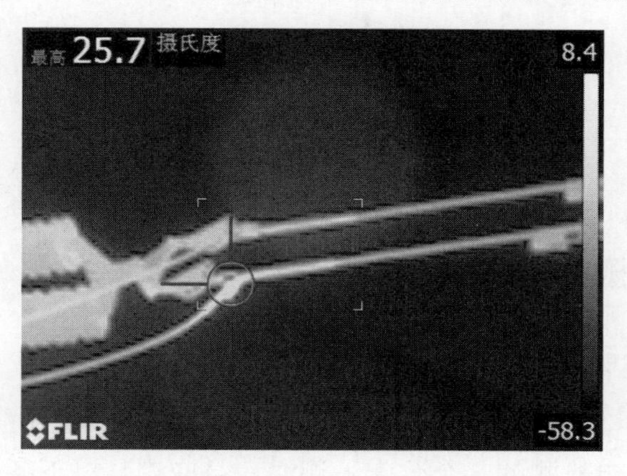

图 3-17　电流致热型设备温标条自动调节后热像图

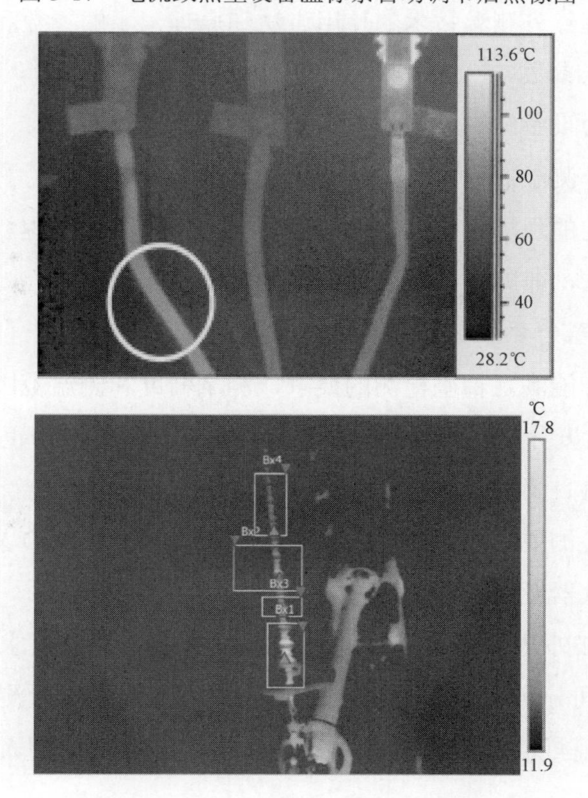

图 3-18　温标条手动调节后热像图

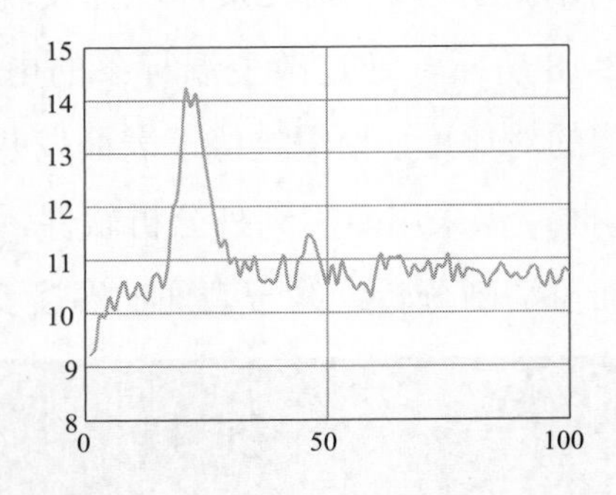

图 3-19　绝缘子表面温度分布

3.2.4　红外测温技术的应用规范及要求

3.2.4.1　红外测温的要求

1. 对测温人员的要求

红外检测是带电检测的一个分支，测温人员应满足以下条件：

（1）熟练掌握红外测温技术的使用方法和原理，了解参数和性能，会熟练使用仪器及调整仪器参数。

（2）了解电力设备结构、工作原理、系统运行方式。

（3）熟悉红外测温规程，仪器使用受过培训并考试合格。

（4）具有一定的现场工作经验，熟悉《电力安全工作规程》并考试合格，了解工作班成员职责，兼顾工作班全体成员的安全。

2. 对测温仪器的要求

红外测温仪应能满足精确检测的要求，测量精度和测温范围满足现场测试要求，具有较高的温度分辨率和空间分辨率，具有大气条件的修正模型，操作简便、图像清晰稳定，有目镜取景器，分析软件功能丰富。

能满足一般检测要求，有最高点温度自动跟踪，采用 LCD 显示屏，可无取景器，操作简单，仪器轻便，图像清晰稳定。

线路适用型红外热像仪除满足红外热像仪的基本功能要求外，需配备中、长焦距镜头，空间分辨率达到使用要求。当采用飞机巡线检测时，红外热成像仪应具备普通宽视野镜头和远距离窄视野镜头，并可由检测人员根据要求方便切换。

仪器应具有完备的显示、存储、预警功能，能够实现处理成像清楚明白，可直观分辨出温度分布，能够对已经完成测试的信息进行及时存储记录，有一定的风险报警预警能力，保障仪器与人员安全。

3．对测温环境的要求

（1）一般检测要求。

1）应尽量避开视线中的封闭遮挡物，如门和盖板等对带电运行设备进行测温；

2）环境温度符合要求，不在恶劣天气下进行红外测温，风速符合要求；

3）户外晴天避免阳光直射，夜间测温建议关灯进行；

4）测温时电力负荷满足要求，负荷较低时无法准确反映设备运行水平和负荷承载力。

（2）精确检测要求。除满足一般检测的环境要求外，还应满足以下要求：

1）风速一般不大于 0.5m/s；

2）设备通电时间不小于 6h，最好在 24h 以上；

3）检测期间天气为阴天、夜间或晴天日落 2h 后；

4）测温时避开周围热源的影响；

5）避开强电磁场，防止强电磁场影响红外热像仪的正常工作。

3.2.4.2 红外图形档案的管理

（1）红外测温记录应包括：测试仪器名称、测温的环境温湿度、测试变电站名称及测试设备距离、测试名单、设备名称、运行编号、缺陷部位、测点温度、相对温差、系统电压、实际负荷、正常对应点温度或环境参照体温度等。

（2）红外检测中发现异常热点应出具红外检测报告，报告除了第一条所列内容外，还包括红外热像图谱、初步诊断意见。

（3）各公司应逐步建立带电设备的红外图像档案库，记录各类发热设备的测温数据和图像。

3.2.4.3 红外测温仪的管理及校验

电力系统应用的红外测温仪器主要有两种，分别是非制冷型热像仪和红外测温仪。其中普遍使用的是便携式和手持式非制冷型焦平面热像仪。红外测温仪器的选择和配置，应根据设备运行运维模式、电压等级、负荷大小和诊断检测要求等情况来确定。

测温仪器由专人负责保管维护，要有对应的详细具体的管理规定。仪器档案资料完整，仪器存放应有防湿措施和干燥措施，使用环境条件、运输中的冲击和震动应符合厂家技术条件的要求。仪器不得擅自拆卸，有故障时须到仪器厂家或厂家指定的维修点进行维修。

仪器应按周期进行保养校验，包括外观检测、镜头维护程度、电池寿命、放置的环境温湿度等，以保证仪器处于完好状态，并定期送到指定机构进行设备性能校验。

3.2.4.4 红外测温周期及要求

检测周期应根据电气设备在电力系统中的作用及重要性，根据运行高压设备的运行状况等因素决定，例如电压、负荷、系统运行方式等。表 3-2 为计划性普测周期表。

表 3-2　　计划性普测周期表

设备分类	负责人员	周期
输电线路设备	输电运检人员	35kV 及以上：1 年；每年 7 和 8 月、1 月～来年 1 月高负荷期间每月 1 次

3.2.4.5 红外测温诊断流程

（1）运维人员编制所辖输电线路红外检测工作计划，按照巡视周期进行红外测温。

（2）测温工作人员对检测发热的设备按要求认真填写红外测温报告，发热缺陷按照缺陷管理规定进入缺陷管理流程，对缺陷等级进行初步判定严重缺陷需向检修部门缺陷专职提供检测报告。

（3）由设备专工将运行测温报告提供给部门红外测温工作专责人和设备专职进行复查。

（4）检修部门红外检测发现缺陷和注意状态后，检测人员负责初步分析，汇报本部门红外检测专责人和设备专职，并报告运行部门，商讨如何处理，按照设备缺陷管理标准规定进入缺陷管理流程。

（5）对发热缺陷进行消缺，消缺结束后运维人员进行验收，将缺陷进行归档，处理不好则通知检修人员继续消缺，直到缺陷消除。

3.3 紫外光巡检

3.3.1 紫外放电检测影响因素

紫外成像仪检测显示的光子数是反应设备放电强弱最直接的量化参数，影响光子数的因素有环境因素（大气温湿度、海拔、风力）、仪器增益、检测距离及角度等。

3.3.1.1 环境因素

诸如大气温湿度、海拔、风力这些环境因素对紫外成像检测的影响，主要是起晕电压受其影响。

在一定温度范围内，随着温度的升高，气压降低，密度减少，增加了气体分子电离时自由电子的平均自由行程，因而自由电子获得更大的动能后更易发生碰撞电离，降低了起晕电场值，紫外光子数增加。

湿度对紫外成像的影响较为复杂，多数情况下潮湿环境下的光子数是干燥环境下的两倍多，即空气密度越小、湿度越大、电晕放电越强。

海拔对紫外放电的影响是其对气压的影响，海拔增加、气压降低、空气密度减少，起晕电压也随之降低。

当露天环境下进行紫外检测，且风力较大时，发生电晕放电时产生的带电粒子会不可避免地被风加速散发，从而使得紫外成像的结果有所变化；在微风条件下，有些紫外线通过周围建筑物或空气中的粒子反射到仪器上，但并不是仪器需要的，这就称为紫外噪声，反应在图像上常为一些零星的点，会严重影响成像效果。因此，DL/T 345—2010《带电设备紫外诊断技术应用导则》要求进行紫外成像仪的一般检测时风力不宜大于 4 级，进行紫外成像的准确检测时风力不宜大于 3 级。

3.3.1.2 仪器增益

仪器增益是指紫外成像仪对检测光子数信号衰减或放大的比值。

DL/T 345—2010《带电设备紫外诊断技术应用导则》对紫外检测在现场的应用进行了一定的指导，对于增益这一代表紫外成像仪对检测光子数信号衰减或放大比例的参量仪建议设置为最大后，再根据光子数饱和情况进行调整。

实际上，由于日盲型紫外成像仪探测的是位于日盲区波段 240～280nm 的紫外光，一方面，狭窄的波段意味着此区域占电气设备放电辐射光信号中光谱的比例很小，紫外成像仪能接收到的有效信号较少；另一方面，信号在传播过程中出现损耗的同时还会受到环境等因素的影响，这就使得被紫外成像仪镜头所吸收的有效紫外光信号进一步减少。因此，为增加紫外成像仪检测的有效性和灵敏度，利用增益这对光信号进行衰减或增大，使得紫外成像仪可以在不同的外绝缘放电条件和放电强度下对放电进行检测。通常讲，在紫外线较强的场合设定较低的增益，紫外线较弱的场合设定较高的增益。有文献通过试验研究发现 40～80 的增益下，紫外成像仪检测到的放电光子数比较稳定，更适用于现场检测分析。

3.3.1.3 检测距离、角度

相关研究表明紫外检测电晕放电量的结果与检测距离呈指数衰减关系，在实际测量中根据现场需要进行校正，按 5.5m 标准距离检测，换算公式为

$$y_1 = 0.033x_2^2 y_2 e^{0.4125-0.075x_2} \tag{3-1}$$

式中 x_2 ——检测距离，m；

y_2 —— x_2 距离时紫外光检测的电晕放电量；

y_1 ——换算到 5.5m 标准距离时的电晕放电量。

有研究认为紫外成像仪检测到的放电光子数也与检测距离呈幂指数关系，并在现场进行了初步验证，但试验过程缺乏对试验环境下其他条件的考虑。考虑到紫外成像仪镜头的尺寸，当检测距离越大时，放电形成球面上的光源最终辐射入紫外成像仪镜头的光子数就越少。

受限于设备的结构、现场的地形和建筑物的构造及安全距离等因素，现场进行输电设备外绝缘放电检测时，无法像在实验室进行试验时可对设备进行调整以选取较好的观测角度。但由于日盲型紫外成像仪的成像是基于可见光图像与紫外光图像的融合，因此在图像处理过程中可能会因观测角度的不同使得最终的放电检测结果出现偏差。对于这一点，DL/T 345—2010《带电设备紫外诊断技术应用导则》标准没有进行说明。清华大学深圳研究生院通过在棒—板试验中保持电极电压不变，在以放电点为圆心，4m 为半径的圆周上选取 4 点，相邻两点相差 30°圆心角，分别以 0°、30°、60°和 90°表示，其结果表明不同位置处的光子数值无明显差别，认为光子是向四周均匀辐射的，角度对放电的影响可忽略不计。

3.3.2 紫外检测特征参量及其量化表征

紫外检测特征量是指紫外检测中能反应设备放电强度的参数，最常用的就是光子数，光子数作为紫外成像仪最直接的可量化的检测结果，能直观、便捷、快速地反映设备放电情况，在科学研究和工程实际中得到了广泛的应用，是不可缺少的。但是在试验室试验和现场试验中发现，当高压设备的放电强度很大时，检测到的光子数由于受到紫外成像仪计数模式的影响有时不能对放电完全读取；或者两个相邻的放电位置可能会互相造成干扰，使得光子数的分散性较大。

在紫外成像仪检测设备放电的紫外图像中，紫外光斑是随着放电的变化而不断进行动态变化的，放电越强烈辐射的光斑面积越大。同时，考虑到紫外成像仪是通过对放电的光信号读取进行检测，光子数是经过紫外成像仪内部算法而反映的紫外放电情况，可能出现因算法导致的误差，而紫外图像中的光斑是光信号的直观反映。

与此同时，电晕放电的长度和形态也能在一定程度上反应设备放电程度。

3.3.2.1 光子数

根据仪器生产厂家提供的相关资料可知，该参数并非真正的光子数，而是仪器内部采用了一定的信号处理算法统计在一段时间内出现在紫外图像中的区域点（spots）的数量。光子数参数可直接从仪器屏幕上读取，方便快捷。由于紫外检测的结果受环境的影响较大，且测试时所选仪器增益对检测结果也有影响，使得现场准确显示电气设备放电强度有一定困难，需要对仪器显示的光子数进行修订。

国内实验室关于光子数的影响因素进行过多项研究，利用稳定的电晕源，研究了增益和距离对紫外光子数的影响，结果存在明显的规律性，即光子数与距离更接近幂函数曲线变化，将光子数修正到 10m 观测距离下精度较高，可以满足工程检测需要，但不同仪器间存在一定的差异。

国内 DL/T 345—2010《带电设备紫外诊断技术应用导则》与 EPRI 导则不同的是关于设备缺陷的判断中光子数法的方法。建议在标准实验室条件下进行 10m 标准距离“光子数—检测距离”关系公式的折算，并通过不同紫外成像仪之间的修订系数进行折算，得到归一化了的光子数，并选取在 10m 光子数归一化原则下，根据平均光子数，放电强弱划分为高强度（每分钟的光子数大于 8000）、中等强度［每分钟光子数为 1000（不含）～8000（含）］和低强度（每分钟光子数不大于 1000）三段范围。

紫外成像仪光子数标定的具体方法如下：

在暗室中，选取标准光源（可选取深紫外 LED、紫外激光、汞灯等典型紫外光源），其经过积分球与光阑（光阑孔径不应大于 1mm）后形成点光源，在 1m 外架设经过计量检定的紫外辐射计，测量得到紫外辐射照度值 W。

在光源与积分球间加入经过计量检定的日盲紫外波段衰减系统，其衰减系数设为 δ，经过衰减的点光源在距其 1m 处的理论辐射照度值 δ_W 应在 10～14w/cm^2 和 10～15w/cm^2 之间的量级。

将待标定的仪器置于衰减后的点光源正前方 10m 处，调整仪器使得光源图像位于仪器图像中央，将仪器调整至计数模式，多次记录（至少 10 次）得到平均光子数 N_1。

在光源前加一经过计量检定的日盲紫外衰减片，其衰减系数为 0.1，多次记录（至少 10 次）得到平均光子数 N_2。

仪器光子数校正系数 k 与 b 计算式为

$$n\delta W/(100E) = kN_1 + b \tag{3-2}$$

$$n\delta W/(1000E) = kN_2 + b \tag{3-3}$$

式中 E ——紫外光子能量，选取 260nm 进行计算，为 7.645×10^{-19}J；

n ——标准校准系数，为 0.001。

解上述方程组即可得到 k 和 b 的值。

$$k = [9n\delta W/(1000E)]/(N_1 - N_2) \tag{3-4}$$

$$b = [n\delta W(N_1 - 10N_2)/(1000E)]/(N_1 - N_2) \tag{3-5}$$

可重复多次上述步骤测得 k 和 b 的值，会更准确。

在实际紫外成像仪的光子计数测量中，屏幕度数需按式（3-6）进行相对修正，即

$$y = k \times N + b \tag{3-6}$$

式中 N——紫外成像仪屏显光子数。

将不同距离下检测的紫外光子数校正到 10m 参考距离，满足工程检测要求，紫外光子数与检测距离按式（3-7）校正，即

$$y_2 = 0.01y_1 / x_1^{-2} \tag{3-7}$$

式中 x_1 ——检测距离，m；

y_1——在 x_1 距离时紫外光检测的紫外光子数；

y_2——y_1 换算到 10m 标准距离时的紫外光子数。

3.3.2.2 光斑面积

在工程实际中，仅仅依靠光子数，很难对不同类型的放电进行区分，所以还有不少学者将紫外光斑面积引入用于对紫外成像检测结果评估中。

光斑面积的提取方法是从紫外视频中连续截取一段时间的紫外图像帧，然后对各帧紫外图像进行数字图像处理分割出光斑区域，统计区域中像素点的个数，即为“光斑面积”，由上述连续的光斑面积值可构成面积时间序列，进一步地提取其他参量可更好地反映放电特点，图像处理计算框图如图 3-20 所示。

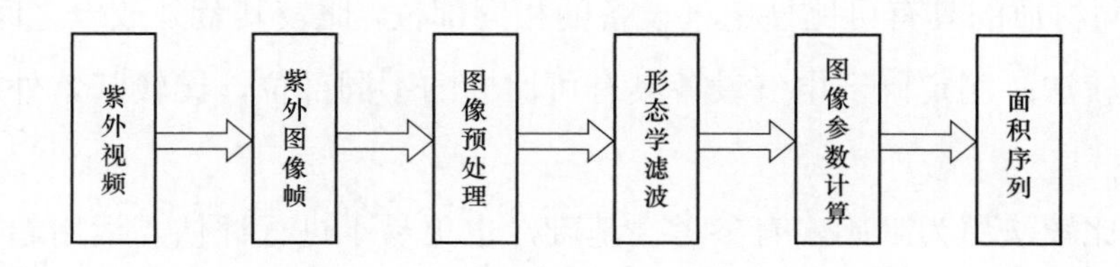

图 3-20 图像处理和参数计算流程图

部分研究表明增益每增加 10%，光斑面积增加 1.5～2 倍，并且对比分析了脉冲幅值与光斑面积之间的关系，得到了增益分别为 30%、40%、50%、60%和 70%时的光斑面积与电脉冲信号的幅值之间的关系曲线，分析表明虽然两者之间存在着非线性关系，但光斑面积与增益的单调性具有一一对应关系。因此，仍可以利用紫外成像法的光斑面积值来表近似量化放电的强度。

3.3.2.3 电晕放电长度和形态

电晕放电的形态也能反映设备的放电程度，如带电设备电晕放电从连续稳定形态到刷状放电过渡，刷状放电呈间歇性爆发状态。

电晕放电的放电长度即紫外成像仪观测到短接干弧距离的放电长度也能定性反映设备的放电程度。

3.3.3 紫外检测的评估方法

紫外检测是对输电设备运行状态评估的基础，但如何对设备的运行状态进行准确的评价才是电力工作者关心的问题。目前，世界上最权威的紫外检测相关标准是美国电力科学研究院（EPRI）制定的《架空输电线路电晕和电弧检测导则》和《变电站电晕和电弧检测指南》。EPRI 的导则中介绍电晕现象评估的三种方法为：

（1）图像观察法。主要是根据紫外成像仪拍的照片，基于观测的带电设备的电晕状态，对异常电晕的属性、发生部位和严重程度进行判断和定级。当然，判断的过程中不可避免地受限于人的经验和能力，具有一定的主观性，只能大概给出定性的判断，没有定量化的指标。

（2）同类比较法。同类比较法是指通过对比不同时期、气象或环境下型号或同类型带电设备对应部位的紫外成像图像或紫外光子数横向比较，对带电设备电晕放电状态进行评估。主要分为横向比较法和纵向比较法。①横向比较法：测定同工况、同材质的具有可比性电气设备的相同部位，比较其紫外放电之间的差异。②纵向比较法：测定同一电气设备具有可比性的不同部位，比较其紫外放电之间的差异。

同类比较法更为准确，有参考性基础，也更易于进行评估，运用起来也较简单，适用范围较广，在电力生产现场中各类型设备均有应用，但是依赖于一定的检测经验，属于一种定性分析方法。

（3）档案分类法。档案分析法是指将测量结果与设备电晕活动的档案记录的数据比较后进行分析，工作基础就是要建立设备的电源放电技术档案。在诊断设备电晕有异常时，可分析该设备在不同时期的电晕检测结果，包括温湿度分布变化，以掌握设备电晕活动的变化趋势然后进行判断。

美国和以色列的专家共同编写了一个简单的分级判定导则，导则中将检测光子数强度分为三个等级，即高度集中、中度集中、轻度集中。三个等级的判定和处理方案见表 3-3。

表 3-3　　紫外光子分级判定和处理

强度	1min 光子数	结果说明	处理方案
高度集中	＞5000	可快速形成腐蚀或部件已严重损毁	马上维修或更换有问题部件
中度集中	1000～5000	有可能形成腐蚀或部件有一定损毁	定下维修或更换时间
轻度集中	＜1000	有可能缩短部件寿命或部件可能有轻微损毁	继续留意电晕发展

DL/T 345—2010《带电设备紫外诊断技术应用导则》与 EPRI 导则不同的是

关于设备缺陷的判断中光子数法的方法，建议在标准实验室条件下进行 10m 标准距离“光子数—检测距离”关系公式的折算，并通过不同紫外成像仪之间的修订系数进行折算，得到归一化了的光子数，并选取在 10m 光子数归一化原则下，根据平均光子数，放电强弱划分为高强度（每分钟的光子数大于 8000）、中等强度［每分钟光子数为 1000（不含）～8000（含）］和低强度（每分钟光子数不大于 1000）三段范围。同时，标准中也提出了三类缺陷的严重程度和处置方式：

第一类：设备存在低强度放电，但不影响带电设备正常运行，后期观察关注。

第二类：设备存在中等强度放电，且可能影响带电设备正常运行，应增加检测频次，在计划的停电期间进行检测维护。

第三类：设备存在高强度放电，且明显影响带电设备正常运行，或诊断评估设备缺陷短期内可能造成设备或电网事故，应尽快安排停电检修或更换处理。

带电设备的紫外检测周期应根据带电设备的重要性、电压等级及环境条件等因素综合确定。一般情况下，对 500kV（330kV）及以上电压等级的带电设备进行巡视性检测（一般检测），每年不少于 1 次，重要的 500kV（330kV）及以上电压等级的运行环境恶劣或设备老化严重的变电站、换流站、线路，可适当缩短检测周期。

对 220kV 及以下电压等级的带电设备宜每隔 1～3 年进行紫外检测。

重要的新建、改扩建和大修的带电设备，应在投运后 1 个月进行检测。

特殊情况下，如带电设备出现电晕放电声异常，冰雪天气、在污秽严重且大气湿度大于 90%时，应及时检测。

准确检测主要作为一般检测发现缺陷的跟踪检测，没有规定检测周期，但必要时（如对关注的二、三类设备等）可随时直接进行准确检测。

3.3.4 紫外成像在输电线路中的应用

（1）输电线路绝缘子缺陷检测。绝缘子劣化积污后，盐密增大，在一定情况下产生放电；零值绝缘子（见图 3-21）也可以通过紫外成像检测到放电现象。用紫外成像技术可在一定灵敏度、一定距离下观察到放电现象，从而可以实现对劣化绝缘子进行定位和评估。绝缘子芯棒内部存在模拟碳化通道如图 3-22 所示。复合绝缘子芯棒护套开裂如图 3-23 所示。瓷绝缘子积污如图 3-24 所示。线路覆冰绝缘子串如图 3-25 所示。高压端密封破坏如图 3-26 所示。

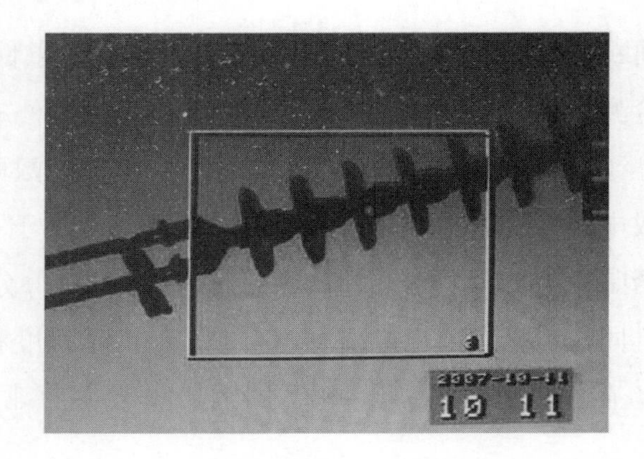

图 3-21　零值绝缘子

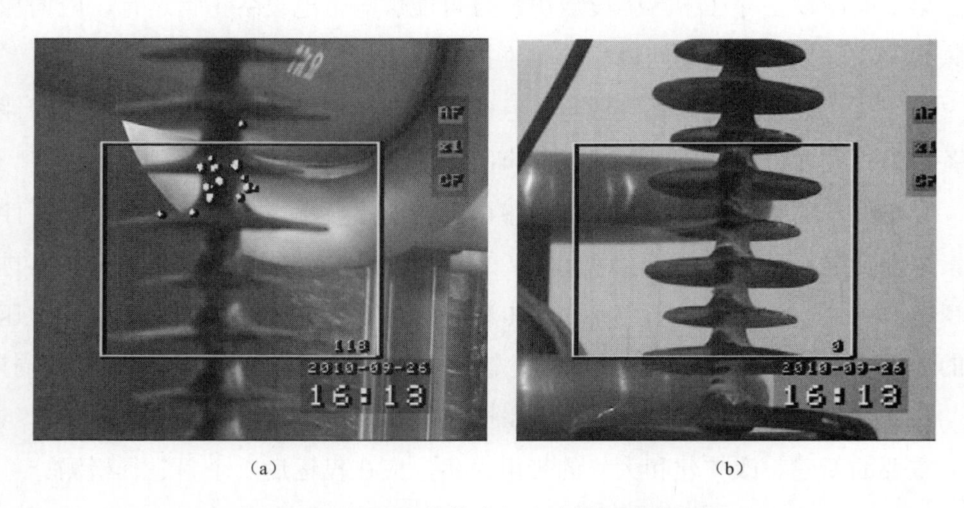

(a)　(b)

图 3-22　绝缘子芯棒内部存在模拟碳化通道

（a）导通性放电通道；（b）半导体放电通道

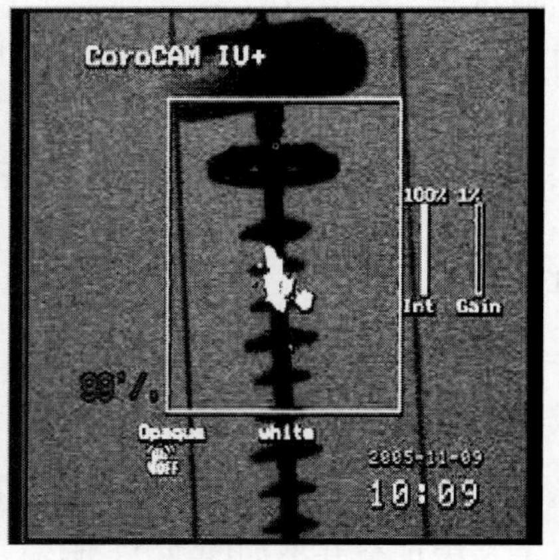

图 3-23　复合绝缘子芯棒护套开裂

图 3-24 瓷绝缘子积污

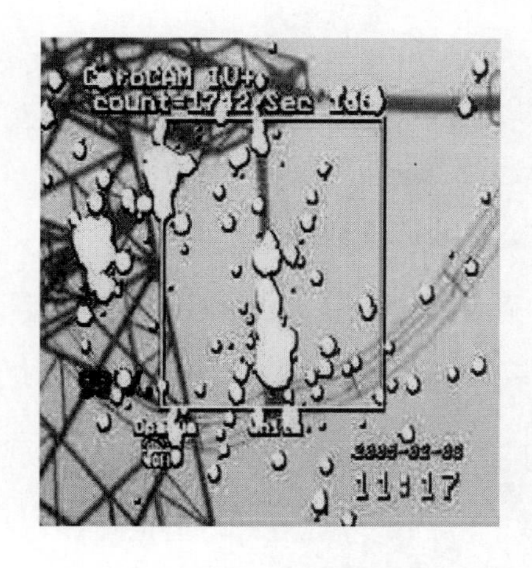

图 3-25 线路覆冰绝缘子串

图 3-26 高压端密封破坏

（2）线路导线缺陷检测。导线架线时拖伤、运行过程中外部损伤、断股（见图 3-27）或安装不良缺陷可通过紫外成像实现检测和评估。

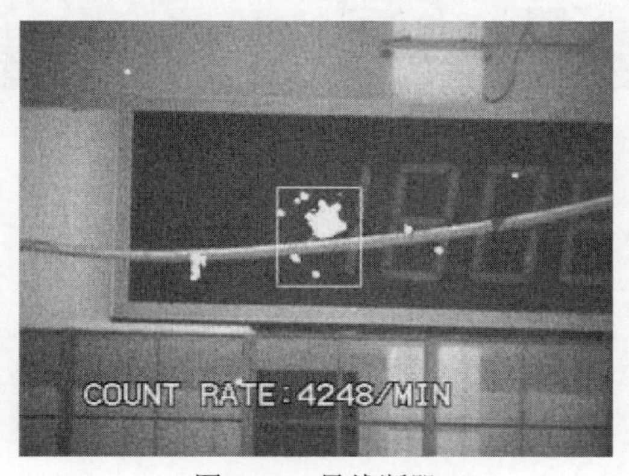

图 3-27 导线断股

（3）线路金具。正常情况下均压环等金具的安装非常牢固，但在特殊情况下，例如：检修、风吹及安装时意外碰撞等造成均压环在运行时可能连接不牢固，造成二者连接处的电场集中，该缺陷可通过紫外成像进行观测。均压环刮痕或毛刺见图 3-28，间隔棒粗糙连接/松动见图 3-29。

图 3-28　均压环刮痕或毛刺

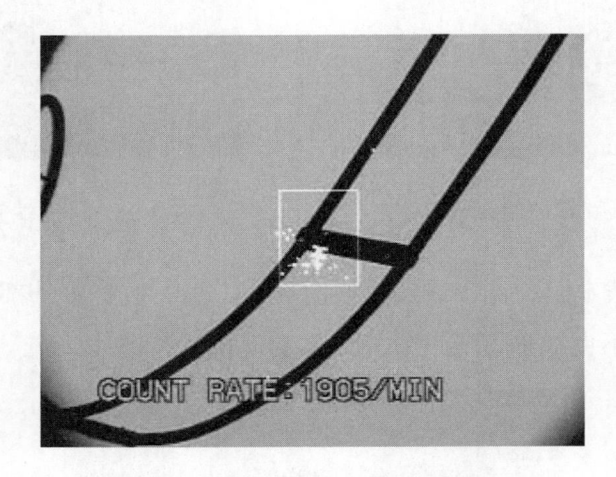

图 3-29　间隔棒粗糙连接/松动

4

多光谱巡检载体

近年来，随着输电线路规模不断扩大，输电线路基层运维人员紧张、巡检质量不高的矛盾不断凸显，人工多光谱巡检耗时费力、效率低下等问题逐渐突出，已无法满足线路运行需求。随着小型无人机巡检的发展，其在电力企业中迅速推广，也逐渐走入多光谱巡检领域。

4.1 无人机技术在输电线路巡检领域的发展历程

无人机是无人驾驶飞行器（UAV）的简称，又称遥控飞行器，诞生于20世纪20年代，是由遥控设备或自备程序控制装置操纵的不载人飞机改进而来，早期用于军事领域的靶机，后来广泛用于侦察机。在1981年的中东战争、1991年的海湾战争、1999年的科索沃战争中，无人机大量投入使用，比较有代表的是美国空军“掠夺者”、陆军“猎人”及海军“先锋”、法国“红隼”、英国“不死鸟”无人机等。为满足军事需求，该类型无人机起飞质量、载重量一般较大，续航时间较长，以美国与以色列合制的狩猎者中空远程无人机为例，其起飞质量达380kg，有效载荷达113kg，续航时间达12h。

随着传感技术的发展，各类小型化、高精度传感器不断问世，加之电子技术、材料、通信技术的飞速突破，无人机性能不断提升，小型化、易操控无人机逐渐在航空摄影测量、影视制作、广告航拍、物探测量等民用领域推广。其在电力行业的应用主要起步于20世纪初，由于载人直升机巡检费用高、快速应变性差等问题，欧美等发达国家首先对其进行研究，美国加利福尼亚州的Palo Alto电力研究院于2001年研制出了一种空中巡检系统（airborne inspection system），该系统可以在输电线路上高速飞行，记录导线、杆塔、绝缘子、金具等的运行状态，并利用GPS技术对目标物体的相对目标进行辨识，该系统与其他的直升机巡检相比，其优点是提高了可靠性，缩短了巡线的时间，但该系统造价极高，超出人工巡检成本的10倍以上。英国的Wales Bangor大学研制一种半自主无人飞行器Sprite，该飞行器具有抗气流扰动能力强、重量轻等优点，同时安装了CCD摄像机，可用于输电线路以及相关设施的检测。

我国在20世纪80年代开始进行载人直升机的巡检工作，但是由于巡检费用高、灵活机动性差、巡检飞行安全系数低等诸多原因，加之按国内空域管制要求，凡是载人飞行器飞行前必须提前到省级军区办理相关手续，与电力生产的灵活机动、快速响应等要求不适应，因此，此项工作一直未得到开展。对于无人机技术的研究起步也相对较晚，受技术水平限制，早期无人机的主要应用是影视制作、广告航拍、消防监测、科研试验等方面，其在电力行业中的应用大约是在2010年前后。2010年4月，山东电力公司研制的油动单旋翼无人机在500kV川泰雪野湖段飞行15min，巡线1.5km、杆塔6基，实现自主起飞、程控飞行、航迹展示、航线跟踪等技术突破。同时由该公司研制的固定翼燃油动力飞机在2011年试飞成功，翼展3.1m，航速108～120km/h，但是起飞时需火箭助推完成。2010年7月，辽宁本溪市供电公司研制的旋翼油动遥控无人机对抚顺电网的暴雨泥石流灾情进行巡视。2010年11月，青海省电力公司对旋翼油动遥控无人机进行高海拔验证。2011年1月，湖南公司研制的四旋翼无人机对广东韶关江城线1724号耐张塔开展高空近距离观冰，江苏送变电公司利用旋翼油动无人机开展展放初级导引线。

随后无人机技术在电力的应用中得到长足进步，逐渐成为架空输电线路巡视的一种重要手段，节约了大量人力物力。

4.2 无人机组成

电力巡检用无人机主要由电机、电调、桨叶、电池、飞行控制器等组成。

（1）电机。依据电磁感应定律实现电能转化为机械能，通常也称为“马达”。电机根据电源的不同分为直流电机和交流电机，直流电机又分为无刷电机和有刷电机，例如多旋翼常用无刷电机。无刷是指无换向器，无整流子，它的特点就是低干扰，噪声低，运转流畅，并且寿命较长，可控性强。在选择电机的一个重要指标是的KV值，KV是无刷电机的转速参数，即每升高1V，电动机增加的转速值，通常来说KV值越高，转速越快。

（2）电调。其全称是电子调速器（electronic speed controller，ESC）。电调也分为无刷电调和有刷电调。与无刷电机配套，也需采用无刷电调，电调输出线（有刷两根，无刷三根）与电机连接，输出三相交流电，可改变电机正转和反转，选择电调的参数要根据电机的参数来合理地选择，通常情况下就是参照电机的功率来选择电调。

（3）桨叶。其是通过自身旋转，将电机转动功率转化为动力的装置。在整个飞行系统中，桨叶主要起到提供飞行所需的动能。按材质一般可分为尼龙桨，碳纤维桨和桨等。

（4）电池。电池是将化学能转化成电能的装置。在整个飞行系统中，电池作为能源储备，为整个动力系统和其他电子设备提供电力来源。目前，在多旋翼飞行器上，一般采用普通锂电池或者智能锂电池等。

（5）飞行控制系统简称“飞控”，是飞行器的大脑，集成了高精度的感应器元件，主要由陀螺仪（飞行姿态感知）、加速计、角速度计、气压计、GPS、指南针模块（可选配），以及控制电路等部件组成。通过高效的控制算法内核，能够精准地感应并计算出飞行器的飞行姿态等数据，再通过主控制单元实现精准定位悬停和自主平稳飞行。根据机型的不一样，可以有不同类型的飞行辅助控制系统，有支持固定翼、多旋翼及直升机的飞行控制系统。

目前，被大家广泛使用的飞行控制器是 APM 和 PIX。飞行控制器是飞行器的大脑。飞行器的姿态、角加速度、航向、高度等都是通过输出 PWM 波来控制电机实现，飞行控制器一端与电调连接，另一端与接收机相连，接收机接收控制信号并实现飞控信号输入以达到遥控控制的目的。

飞行控制系统一般主要由主控单元、IMU（惯性测量单元）、GPS 指南针模块、LED 指示灯模块等部件组成。①主控单元是飞行控制系统的核心，其将 IMU、GPS 指南针、舵机和遥控接收机等设备接入飞行控制系统从而实现飞行器自主飞行功能。除了辅助飞行控制以外，某些主控器还具备记录飞行数据的黑匣子功能。②IMU（惯性测量单元），包含 3 轴加速度计、3 轴角速度计和气压高度计，是高精度感应飞行器姿态、角度、速度和高度的元器件集合体，在飞行辅助功能中充当极其重要的角色。③GPS 指南针模块，包含 GPS 模块和指南针模块，用于精确确定飞行器的方向及经纬度。对于失控保护自动返航，精准定位悬停等功能的实现至关重要。

以四旋翼无人机为例，其一般是由检测模块、控制模块、执行模块以及供电模块组成。检测模块实现对当前姿态进行量测；执行模块则是对当前姿态进行解算，优化控制，并对执行模块产生相对应的控制量；供电模块对整个系统进行供电。图 4-1 为四旋翼无人机的飞行示意图。

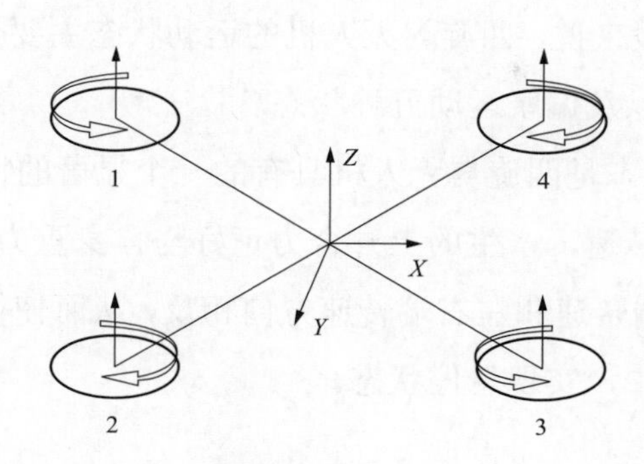

图 4-1　四旋翼无人机的飞行示意图

四旋翼无人机机身是由对称的十字形刚体结构构成，材料多采用质量轻、强度高的碳素纤维；在十字形结构的四个端点分别安装一个由两片桨叶组成的旋翼为飞行器提供飞行动力，每个旋翼均安装在一个电机转子上，通过控制电机的转动状态控制每个旋翼的转速，来提供不同的升力以实现各种姿态；每个电机均又与电机驱动部件、中央控制单元相连接，通过中央控制单元提供的控制信号来调节转速大小；IMU 惯性测量单元为中央控制单元提供姿态解算的数据，机身上的检测模块为无人机提供了解自身位置、姿态情况最直接的数据，为四旋翼无人机最终实现复杂环境下的自主飞行提供了保障。图 4-2 为无人机结构组成。

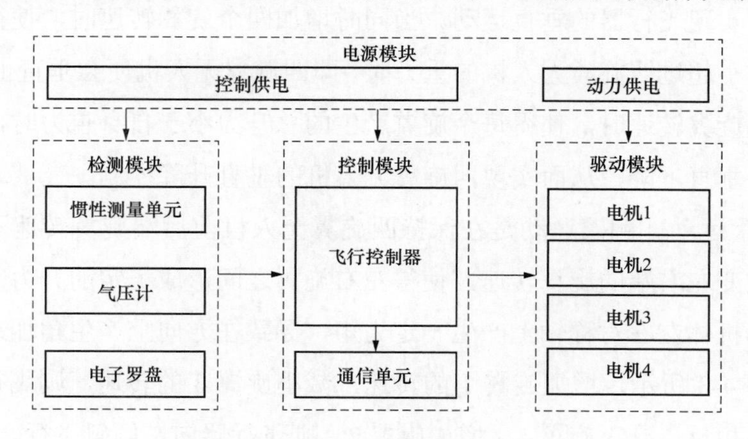

图 4-2　无人机结构组成

现将位于四旋翼机身同一对角线上的旋翼归为一组，前后端的旋翼沿顺时针方向旋转，从而可以产生顺时针方向的扭矩；而左右端旋翼沿逆时针方向旋转，从而产生逆时针方向的扭矩，如此四个旋翼旋转所产生的扭矩便可相互之间抵消掉。由此可知，四旋翼飞行器的所有姿态和位置的控制都是通过调节四个驱动电机的速度实现的。一般来说，四旋翼无人机的运动状态主要分为悬停、垂直运动、翻滚运动、俯仰运动以及偏航运动五种状态。

1）悬停。悬停状态是四旋翼无人机具有的一个显著的特点。在悬停状态下，四个旋翼具有相等的转速，产生的上升合力正好与自身重力相等，并且因为旋翼转速大小相等，前后端转速和左右端转速方向相反，从而使得飞行器总扭矩为零，使得飞行器静止在空中，实现悬停状态。

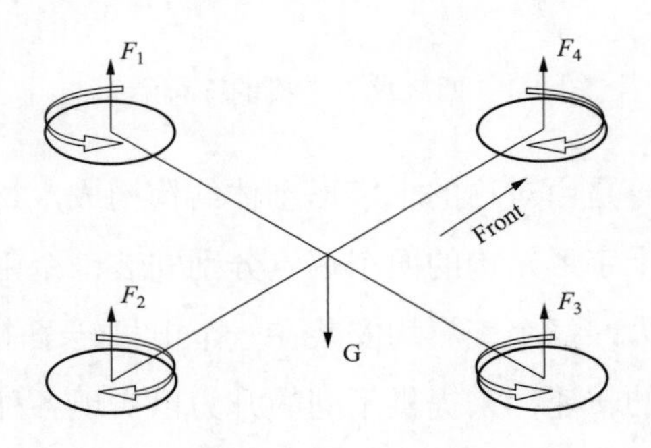

图 4-3　无人机悬停时机翼旋转示意图

2）垂直运动。垂直运动是五种运动状态中较为简单的一种，在保证四旋翼无人机每个旋转速度大小相等的情况下，同时对每个旋翼增加或减小大小相等的转速，便可实现飞行器的垂直运动。当同时增加四个旋翼转速时，使得旋翼产生的总升力大小超过四旋翼无人机的重力时，即四旋翼无人机便会垂直上升；反之，当同时减小旋翼转速时，使得每个旋翼产生的总升力小于自身重力时，即四旋翼无人机便会垂直下降，从而实现四旋翼无人机的垂直升降控制。

3）翻滚运动。翻滚运动是在保持四旋翼无人机前后端旋翼转速不变的情况下，通过改变左右端的旋翼转速，使得左右旋翼之间形成一定的升力差，从而使得沿飞行器机体左右对称轴上产生一定力矩，导致在方向上产生角加速度实现控制的。如图 4-3 所示，增加旋翼 1 的转速，减小旋翼 3 的转速，则飞行器倾斜于右侧飞行；相反，减小旋翼 4，增加旋翼 2，则飞行器向左倾斜飞行。

4）俯仰运动。四旋翼飞行器的俯仰运动和滚动运动相似，是在保持机身左右端旋翼转速不变的前提下，通过改变前后端旋翼转速形成前后旋翼升力差，从而在机身前后端对称轴上形成一定力矩，引起角方向上的角加速度实现控制的。增加旋翼 3 的转速，减小旋翼 1 的转速，则飞行器向前倾斜飞行；反之，则飞行器向后倾斜。

5）偏航运动。四旋翼的偏转运动是通过同时两两控制四个旋翼转速实现控制的。保持前后端或左右端旋翼转速相同时，其便不会发生俯仰或滚动运动；而当每组内的两个旋翼与另一组旋翼转速不同时，由于两组旋翼旋转方向不同，便会导致反扭矩力的不平衡，此时便会产生绕机身中心轴的反作用力，引起沿角角加速度当前后端旋翼的转速相等并大于左右端旋翼转速时，因为前者沿顺时针方向旋转，后者相反，总的反扭矩沿逆时针方向，反作用力作用在机身中心轴上沿逆时针方向，引起逆时针偏航运动；反之，则会引起飞行器的顺时针偏航运动。

综上所述，四旋翼无人机的各个飞行状态的控制是通过控制对称的四个旋翼的转速，形成相应不同的运动组合实现的。但是在飞行过程中却有六个自由度输出，因此它是一种典型的欠驱动，强耦合的非线性系统。例如，旋翼 1 的转速会导致无人机向左翻滚，同时逆时针转动的力矩会大于顺时针的力矩，从而进一步使得无人机向左偏航，此外翻滚又会导致无人机的向左平移，可以看出，四旋翼无人机的姿态和平动是耦合的。

四旋翼无人机自主飞行的控制如下所述。

四旋翼无人机的精确航迹跟踪是实现无人机自主飞行的基本要求。由于四旋翼无人机自身存在姿态与平动的耦合关系以及模型参数不确定性与外界扰动，因此只有实现姿态的稳定控制才能完成航迹的有效跟踪。

在四旋翼无人机的自主控制系统中，姿态稳定控制是实现飞行器自主飞行的基础。其任务是控制四旋翼无人机的三个姿态角（俯仰角、滚转角、偏航角）稳定地跟踪期望姿态信号，并保证闭环姿态系统具有期望的动态特性。由于四旋翼无人机姿态与平动的耦合特点，分析可以得知，只有保证姿态达到稳定控制，才使得旋翼总升力在期望的方向上产生分量，进而控制飞行器沿期望的航迹方向飞行。而四旋翼无人机的姿态在实际飞行环境中会受到外界干扰和不精确模型的参数误差、测量噪声等未建模动态对控制效果的影响。所以，需要引入适当的观测器和控制器对总的不确定性进行估计和补偿，并对其估计的误差进行补偿，来保证四旋翼无人机在外界存在干扰下对姿态的有效跟踪。

四旋翼无人机的姿态控制应根据其实际的工作特性以及动力学模型，进而针对姿态的三个通道（俯仰、翻滚和偏航）分别设计姿态控制器，每个通道中都对应引入相应的控制器，其流程如图 4-4 所示。

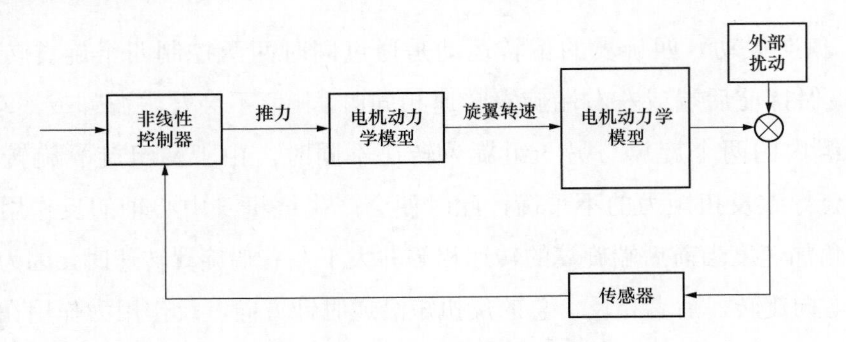

图 4-4　无人机姿态控制逻辑

此方法可以基本保证每个通道的实际姿态值跟踪上期望值。但是，在只考虑对模型本身进行控制时，没有考虑到外部不确定性对闭环系统的影响。微小型无人机在飞行时，由于机体较小，电机的振动较强，很容易受到外界环境的干扰。因此，整个通道中必然存在不确定因素，比如模型误差、环境干扰、观测误差等，这些不确定性将降低系统的闭环性能。所以在设计无人机控制系统时，必须要考虑系统的抗干扰性能，即闭环系统的鲁棒性。因此需要设计一定的干扰补偿器对干扰进行逼近和补偿，以实现姿态角的稳定跟踪。增加干扰后的无人机控制逻辑见图 4-5。

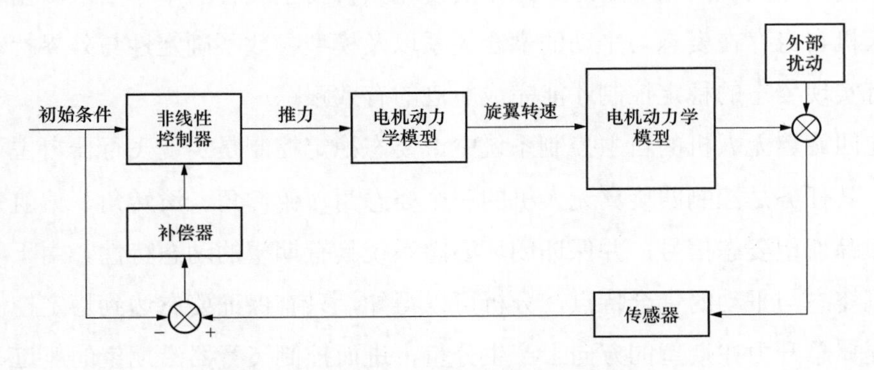

图 4-5　增加干扰后的无人机控制逻辑

只有在保证飞机姿态可以保持稳定才能进一步讨论如何控制路径保持稳定，在时间尺度上进行分析，飞机的姿态角变化的频率要大于飞机位置的频率。所以，针对轨迹跟踪应当使用内外双环控制，内环控制姿态角，外环控制位置。

（6）遥控器。遥控系统由遥控器和接收 5 机组成，是整个飞行系统的无线控制终端。

（7）锂电池。锂电池现在广泛应用于各个方面，飞行器上的供电系统也是通过锂电池来供电的，以4S 4800MAH的锂电池为例，4S是指有四个电芯。每个电芯的标准电压是3.7V，满电压是4.2V，也就是说电池的满电是16.8V。电池的选择也是有相应的标准，大电量意味着重量大，与飞机的起飞重量和机架的强度，以及电机的*KV*值都有关系。

（8）机架。机架形状由飞机决定，目前常用的多为四旋翼和六旋翼。

（9）云台系统。云台有二轴增稳和三轴增稳，用于搭载各类检测设备。

4.3 无人机分类

电力巡检用无人机主要包括三大类：固定翼无人机、多旋翼无人机和复合翼无人机。

（1）固定翼无人机（见图4-6）。固定翼无人机是依靠推进系统（前拉式螺旋桨或后推式螺旋桨）产生前进的动力，从而使飞机快速前行。当飞机获得了前进的速度后，气流作用到飞机的翼展上（伯努利原理）产生上升的拉力，当拉力大于机身重力时，飞机处于上升飞行状态。固定翼飞的左右（横滚）平衡依靠左右主机翼的掠角大小来调节，前后（俯仰）平衡依靠尾舵的掠角来调节，方向（航向）依靠垂向尾舵来调节，当然，固定翼飞机的航向通常是靠横滚和俯仰组合动作来完成。

图4-6 固定翼无人机

早期无人机多为固定翼无人机，其飞行速度较快，最大可达100～200km/h，非常适合进行大面积、大范围、长距离的巡检，巡线时拍照间隔时间短、反应速度快。一般固定翼无人机启动时需手抛起飞或弹射起飞加伞降，飞机正常飞行后无需人工干预，且固定翼具有载重量大等优点，特别适合输电线路通道巡检。但是固定翼无人机只能做单方向巡检，无法做到悬停，一般情况放置于线路上方进行俯视拍摄，主要用作输电通道巡检，也可根据实际需要降低巡视速度和高度，进行低空满足巡检。

（2）多旋翼无人机（见图 4-7）。多旋翼无人机采用多支对称的正、反旋翼产生动力，同时相互抵消自选扭力，通过调整每支旋翼的转速来操控无人机前进、后退及转向。多旋翼无人机按其机翼数量又可以分为四旋翼、六旋翼、八旋翼等，目前较为常用的是四旋翼无人机，其是通过四个电机，安装有四个螺旋桨，四个螺旋桨的轴距也基本相同，通过螺旋桨的高速旋转产生向上的拉力实现垂直起降，并通过螺旋桨不同的转速控制无人机前进、后退、向左、向右，其他旋翼无人机除了动力和力矩分配与四旋翼不同外，其他基本相同。

图 4-7　多旋翼无人机

多旋翼无人机的主要部件集中在中央，四周分布着动力系统，它可以折叠存放，并且可以在 5min 内展开作业。这种无人机一般来说，是采用碳纤维或者蜂窝结构等复合材料，具有强度高、材质轻的特点，还可以对重要部件起到保护作用，承受高频次、高强度的操作飞行。目前，电网中应用的无人机主要为多旋翼无人机，如大疆公司的 M 300、精灵系列等。

多旋翼无人机可实现空中悬停，因此其是杆塔部位巡检的首选，可通过调整飞行高度、观测角度、观测距离对杆塔绝缘子、塔材、螺栓、金具等进行拍摄，是现今电网企业应用最为广泛的一类无人机。通过无人机巡视可以代替人工登塔，节约时间，同时当线路故障后，可以通过无人机近距离巡线代替人工手持望远镜巡视，更快地发现故障点，为故障抢修节约时间。多旋翼无人机一般搭载可见光云台，后续为满足现场运行对无人机云台进行改进，可应用于带电、检修作业及安全管控等领域。

（3）复合翼无人机。为解决固定翼无人机启动受限等问题，2017 年工业级无人机厂商纷纷推出“垂直起降固定翼无人机”，也即复合翼无人机，其是在现有固定翼无人机的基础上，融合多旋翼无人机优点，添加多旋翼动力部分，且仅需加强机翼扭转强度即可，其在牺牲部分效能的同时，解决了固定无人机最大的缺点，目前在部分网省公司的长距离、大里程巡检中有应用。

电力巡检常用无人机种类如图 4-8 所示。

图 4-8　电力巡检常用无人机种类

4.4 基于三维激光扫描的激光点云方法

近年来电网数字孪生概念被提出，目前实现输电线路的数字孪生，主要是依靠基于三维激光扫描技术的激光点云技术，其可通过激光扫描得到输电设备的坐标信息，为后续的无人机自主巡检提供坐标。

基于三维激光扫描的激光点云技术最早出现于 20 世纪 60 年代，当时价格相对较高，并未得到大范围使用。后来，由于工业的进步以及电子和激光领域的飞速前进，20 世纪 90 年代三维激光扫描技术实现了物体高精度三维点云的快速获取，第一个可以在地面应用的激光扫描仪是美国俄亥俄州立大学的制图实验室研发而成；加拿大卡里加利大学研制出可以用于飞机搭载的激光扫描系统 VISAT，主要用于公路测量领域；日本东京大学通过整合试验的方法在激光扫描领域也进行了大量的研究。但激光点云技术早期主要是用于城市数字化、古建筑维护等，在电力领域的应用相对滞后，2002～2003 年 Manitoba Hydro 和 B.C Hydro 公司将激光扫描技术应用于线路走廊和线下跨越物的管理。在国际大电网会议 2004 年年会上，B.Addison 介绍了激光扫描相关技术在英国 NGT 输电网络进行的实践性应用。O.M.Armstrong 在 2007 年 Challenges for Earth Observation 会议上探讨了基于激光扫描技术的导线弧垂状态模型技术，随后激光扫描技术在电网中的应用逐渐广泛。

国内对三维激光扫描技术的应用起步相对较晚，早期大多为地面扫描设备，需要多点量测后拼合，在电力运行维护的变电站管理中，利用地面三维激光扫描仪获取的空间数据，进行变电站三维空间地物建模研究，建立三维仿真模型，将变电站资源、景观等社会资源数字化、网络化及动态可视化，上述技术在广州惠泉 500kV 变电站中进行了应用。广西电力工业勘察设计研究院引进德国 IGI 公司与奥地利 RIEGL 公司联合研制开发的 LiteMapper5600 激光雷达系统，分别在钦防送出 500kV 线路、罗平-百色Ⅱ回 500kV 线路以及大新—南宁 500kV 线路等工程中进行了应用实际。华北电网于 2007～2008 年的紧凑型线路防污治理中，分别对所辖 500kV 源霸双回、沽太双回线路进行航测，2010 年，山东电力工程咨询院也开展了类似的研究。2018 年《山西电力》杂志曾发表一篇关于激光雷达三维可视化在特高压输电通道方面应用的技术论文。随着激光点云技术和无人机巡检技术的发展，近年来两者相结合在实现无人机自主巡检方面的应用逐渐被各方认可。

4.4.1 工作原理

当一束激光光束遇到物体后，经过漫反射，返回至激光接收器，雷达模块根据发送和接收信号的时间间隔计算发射器与物体的距离。因此，激光发射系统中激励源周期性地驱动激光器，发射激光脉冲，激光解调器通过光束控制器控制发射激光的方向和线数，最后通过发射光学系统，将激光发射至目标物体。扫描系统以稳定的转速旋转起来，实现对所在平面的扫描，并产生实时的平面图信息。激光接收系统中光电探测器接受目标物体反射回来的激光，产生接收信号；信息处理系统中接收信号经过放大处理和数模转换，经由信息处理模块计算，获取目标表面形态、物理属性等特性，最终建立物体模型。图 4-9 为激光扫描示意图。图 4-10 为激光扫描工作原理。

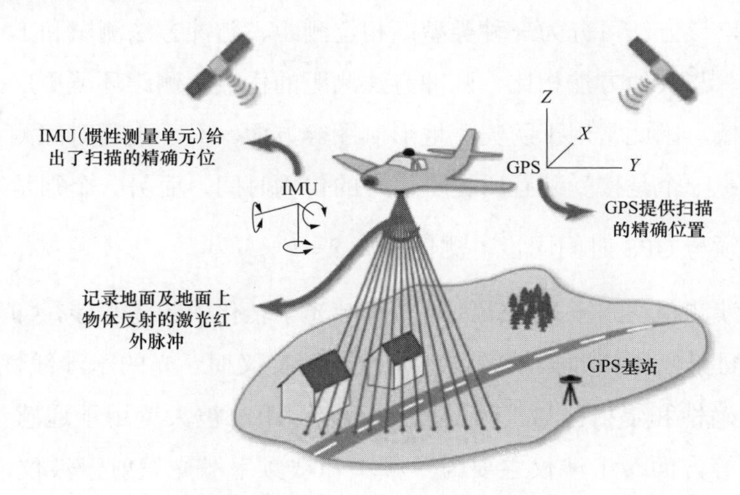

图 4-9　激光扫描示意图

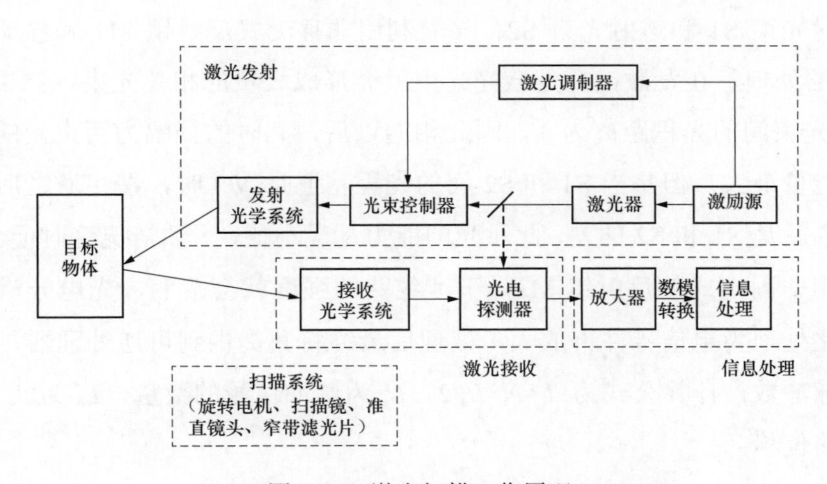

图 4-10　激光扫描工作原理

4.4.2　激光雷达测距原理

通过激光扫描装置来获得被扫描障碍物的回波程度、方位地理信息和被扫描物的色彩等众多信息的方法被称为激光测距技术，所以通过这种方法可以快速重新构建被测物体的三维点云模型。根据方法的不同来区分，可以将激光测距的方法分为以下两大类：

（1）飞行时间测距法。飞行时间测距法主要是使用旋转棱镜将激光仪器发射的激光束照射到被测障碍物上，然后再通过被测障碍物的表面回转回来，根据光束通过激光设备时长以得出被测物体与激光设备之间的距离。根据脉冲宽度调制信号的不同，该方法可分为三种类型：相位测距、脉冲方法测试和 FM 不间断波测距的方法。与其他方法相比，脉冲方法测距的优点是测距环境更广，不足之处是分辨率较低，因此常用于防灾、地形制图等方面。对于飞行时间测量距离有两个重要方面：一个是接受装置所提供信号的传输时间，而另一个则是发射探头与接收探头必须与 GPS 时间同步。测试距离 $S=V\times\frac{t}{2}$。

（2）干涉测距法。干涉测距法是傅里叶光学转化中的光干涉，即当具有固定相位差、相同振幅和相同振动方向的两束光束交叉时，光的干涉线性彼此相交，其具有高精确性和辐射区域广等优点。干涉测距法被大量用于遥感信息采集和无人机飞行等方面。干涉仪主要为单频率和双频率激光发射干涉仪，如图 4-11 所示。激光光束在经过激光发射探头发射滞后，再通过发散棱镜的分散，可以得到反射光束 S1 和透射光束 S2，接着利用非移动式反射镜 M1 和移动式反射镜 M2 的处理，在发散镜片处激光光束就会形成大量的相关光束。如果 S1 和 S2 两个光束间的光程距离为 N，因此相遇以后，此时的振幅为两束光的和，此时光的能量最大。但是当 S1 和 S2 间的光程差值是 $N/2$ 时，在相遇之后这两束光的振幅就是 S1 和 S2 的差，此时光的能力是最小值，干涉情况这时便会产生。而后利用非固定式的反射镜 M2，干涉纹路的强度就会改变，光电分辨器会将这种变化处理为电信号并再放大，处理后最终将其提供到可逆处理器，然后算出全部脉冲数，计算公式为 $L=N\times L_a/2$，N 为脉冲信号的数量，L_a 为波长，L_{M2} 反射镜的位移。

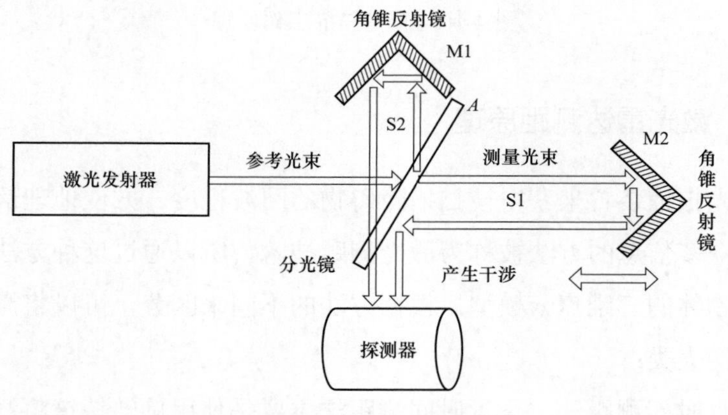

图 4-11　干涉测距法原理图

4.4.3 输电线路激光点云扫描

随着激光点云扫描技术发展逐渐成熟，其在输电线路上也逐渐成为一种常态化检测手段。2021 年中电联发布 T/CEC 448—2021《架空输电线路无人机激光扫描作业技术规程》，规范了无人机激光扫描设备、人员、作业环境及采集数据处理，指导了无人机激光扫描作业；电力行业也发布 DL/T 2435.1—2021《架空输电线路机载激光雷达测量技术规程　第 1 部分：数据采集与处理》、DL/T 2435.3—2021《架空输电线路机载激光雷达测量技术规程　第 3 部分：基建验收》、DL/T 2435.4—2021《架空输电线路机载激光雷达测量技术规程　第 4 部分：运维巡检》等系列标准，规范化了激光雷达测量数据处理机器在基建验收和运维巡检中的应用。

目前，对于输电线路运维巡检而言，其主要两大应用场景为线物距离检测和无人机行业规划。激光雷达扫描后可获得输电线路及其通道环境的三维坐标信息，可较为简单地计算输电通道内物体与导线之间距离，目前应用较多是树线距离测试，特别是夏季树木生长速度较快，同时气温较高、导线输送负荷较大，造成弧垂过大，运维人员需定期测量导线距树木距离，通过激光点云技术可快速获取整条线路中树木与导线距离，简便快捷，如图 4-12 所示。

图 4-12　输电线路激光点云扫描结果

基于激光点云的无人机航迹规划技术（见图 4-13）是激光点云的又一大应用场景，其较传统人工定位规划可极大提升航迹规划便捷性和安全性。目前，国网公司大力推行无人机样板间建设，推行无人机自主飞行，其自主飞行所采用的航迹规划即激光点云技术，各省级电力公司已基本开始应用该技术。

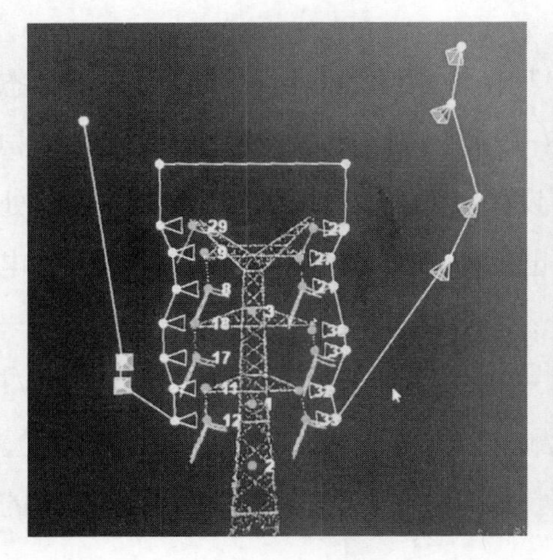
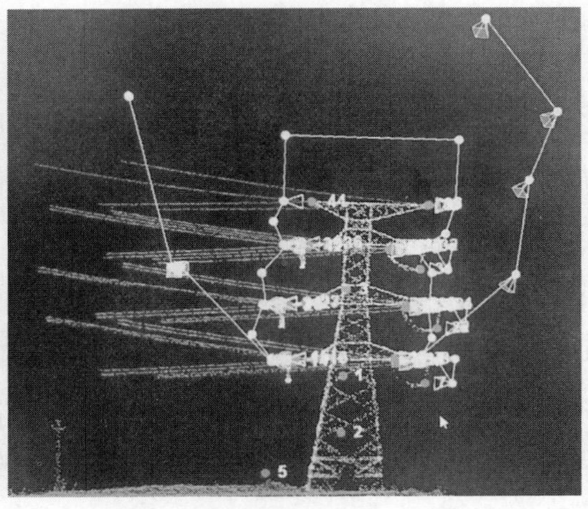

图 4-13　基于激光点云的无人机航迹规划

4.5 基于 RTK 的无人机自主巡检方法

由于早期技术限制，无人机巡检多通过人工控制无人机的方式进行，这种巡检方式存在几方面的问题：一是巡检质量受无人机飞手技能水平限制。人工飞巡时，需人工控制无人机悬停位置和拍摄观察角度，若飞手对线路本身运行状况不清，易造成缺陷漏检情况。二是人员操作不当易炸机。人工控制无人机飞行过程中，需人员抬头观察无人机位置，有时受阳光、地面物体的遮挡等原因，人员无法准确发现无人机位置，或飞手技能水平不佳时，易造成无人机距离带电体过近，受带电导线“磁体效应”影响，无人机的磁罗盘、GPS 等传感器易受电磁干扰而出现偏差，造成无人机失控炸机。

为此，人工操控无人机进行输电线路巡检已逐渐无法满足大规模巡检的需求，特别是近年来随着激光点云技术的发展，获取输电线路三维坐标数据后，通过定位技术和航迹规划技术实现线路的无人机自主飞巡成为必然。

4.5.1　RTK 定位技术

实时动态（real-time kinematic，RTK）载波相位差分技术是目前应用最广泛、成熟的一种快速高精度定位技术，其是基于全球定位系统（global positioning system，GPS）的载波相位观测量，设立基准站和移动站，利用它们之间的定位观测误差以及空间相关性，通过数学当中差分的方式去除在移动站测量的大部分定位误差，可以在野外实时获取厘米级定位精度的坐标。

RTK 定位系统主要包括三个子系统：卫星信号接收子系统（GPS 接收机及信号天线）、实时数据传输子系统（数据通信链，也称无线电台）和实时处理数据子系统（处理软件以及 GPS 控制器）。其工作原理是首选设立基准站及移动站，将其中一台接收机放置在基准站上，剩下的一台或者多台接收机则放置移动站上，也就是待测点位置，此时两个站点同步接受来自卫星的位置信号。设立的基准站一旦接受到来自 GPS 观测的位置信号，立刻进行载波相位测量，与此同时通过数据传输子系统（无线电台）将基准站处理后的位置信息观测值、卫星跟踪状态以及测站坐标系下的位置信息等打包发送给移动站；设立的移动站此时也在不断地通过 GPS 接收机接收来自卫星的位置信息，一旦移动站在接收到来自基准站的数据同时，由实时处理数据子系统中控制器和处理软件对其进行处理，并将移动站接收的本机观测数据与来自基准站处理后的数据组成差分观测值，通过将差分观测值实时处理后，就可得出移动站（待测点）所处的坐标以及坐标精度，整个过程历时大约 1s。若实测坐标精度符合作业要求，就可开始工作。其中需要注意的是，移动站所处的位置可以不固定，但是基准站的位置必须固定，在开始工作前整个定位系统需要接收到至少来自四颗卫星的相位观测值、跟踪状态等信息，然后 RTK 定位系统的移动站才能给出待测点高精度的三维坐标。

RTK 定位系统进入高精度定位状态前，会经历三个状态，分别为 NONE、Single 和 Float，而当 RTK 移动站采用“高精度采点”的方式设立时，定位系统要进入广播高精度定位数据状态（FIX 状态）前，必须经过 NONE、Single、Float 和 RTK 四种不同的状态。

（1）NONE 状态：表示处于无信号状态，此时移动站的接收机未接收到 GNSS 卫星信号，还有一种情况是接收的卫星数目太少导致不能达到解算的状态。

（2）Single 状态：表示处于单点状态，移动站的接收机此时可以接收稳定、数量足够的卫星信号，但是并没有接收到来自基准站广播的 RTCM 差分数据，导致移动站处于低精度的定位状态，也就是单点状态。

（3）Float 状态：表示处于浮动状态，这个状态在高精度定位与低精度定位状态之间浮动，主要是因为移动站的接收机与基准站的接收机接收的共用卫星数量不够、信号不稳定，或是移动站接收到不稳定的 RTCM 差分数据，导致无法处于高精度定位状态。

（4）RTK 状态：表示处于实时快速高精度定位状态，该状态移动站和基准站接收的共用卫星数量足够且稳定，与此同时移动站接收到来自基准站的 RTCM 差分数据也是稳定的。

（5）FIX 状态：表示处于静态广播状态，此时基准站可以通过数据通信链（无线电台）、无线网络广播实时稳定、有效的 RTCM 差分数据供移动站接收。

RTK 定位技术理论上可以做到厘米级定位，但实际定位中受其他因素影响造成定位精度偏大（见图 4-14），如移动站距离基准站太远，一般基准站的广播信号最大半径范围是 3km，距离越远，定位精度越差。还有在输电线路上巡检时周围物体遮挡、电磁干扰等原因均会影响 RTK 的定位精度，具体精度大小需在作业开始前测定。

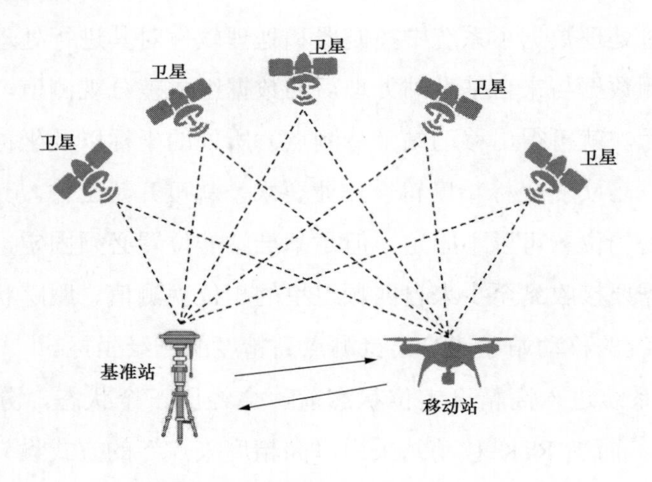

图 4-14　RTK 定位技术工作原理（一）

载波相位差分原理是在移动站（无人机）u 和基准站 r 之间各放置一台接收机，保证同一时刻移动站和基准站接收到同一组数量相同的卫星信号，如图 4-15 所示。参考载波相位观测方程式的一般形式，可以得到移动站 u 和基准站 r 的接收机对卫星 i 的载波相位观测值 ϕ_{u}^{i} 和 ϕ_{r}^{i} 的方程为

$$\lambda\phi_{\mathrm{u}}^{i}=\rho_{\mathrm{u}}^{i}-\lambda N_{\mathrm{u}}^{i}+c(\delta_{\mathrm{tu}}-\delta_{\mathrm{t}}^{i})+I_{\mathrm{ion,u}}^{i}+T_{\mathrm{trop,u}}^{i}+\varepsilon_{\phi,\mathrm{u}}^{i} \tag{4-1}$$

$$\lambda\phi_{\mathrm{r}}^{i}=\rho_{\mathrm{r}}^{i}-\lambda N_{\mathrm{r}}^{i}+c(\delta_{\mathrm{tr}}-\delta_{\mathrm{t}}^{i})+I_{\mathrm{ion,r}}^{i}+T_{\mathrm{trop,r}}^{i}+\varepsilon_{\phi,\mathrm{r}}^{i} \tag{4-2}$$

式中 下标 u、r ——移动站和基准站；

上标 i ——卫星编号；

λ——载波信号的波长；

c——光速；

ρ_{u}^{i}、ρ_{r}^{i}——移动站和基准站与卫星 i 之间的几何距离；

$I_{\mathrm{ion,u}}^{i}$、$I_{\mathrm{ion,r}}^{i}$——移动站和基准站对卫星 i 的电离层延时；

$T_{\mathrm{trop,u}}^{i}$、$T_{\mathrm{trop,r}}^{i}$——移动站和基准站对卫星 i 的对流层延时；

δ_{tu}、δ_{tr}——移动站和基准站的接收机钟差。

δ_{t}^{i} 为卫星 i 的钟差，N_{u}^{i}、N_{r}^{i} 分别为移动站和基准站与卫星 i 之间的整周模糊度，$\varepsilon_{\phi,\mathrm{u}}^{i}$、$\varepsilon_{\phi,\mathrm{r}}^{i}$ 分别为移动站和基准站对卫星 i 的观测误差。

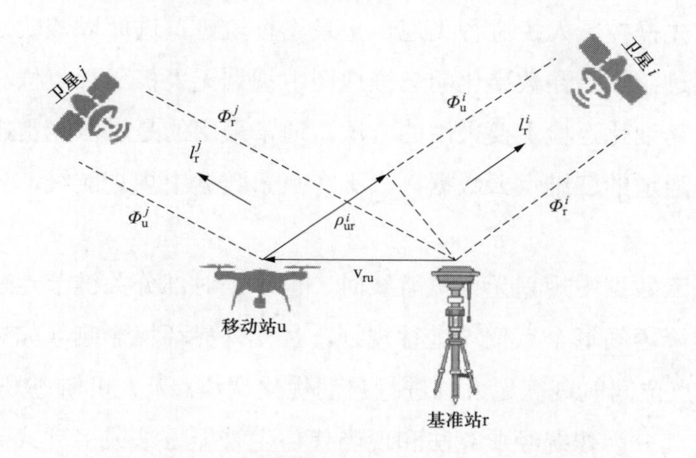

图 4-15 RTK 定位技术工作原理（二）

将式（4-1）和式（4-2）相减，可得移动站和基准站的接收机对卫星 i 的载波相位单差测量值为

$$\lambda\phi_{\mathrm{ur}}^{i}=\lambda(\phi_{\mathrm{u}}^{i}-\phi_{\mathrm{r}}^{i})=\rho_{\mathrm{ur}}^{i}-\lambda N_{\mathrm{ur}}^{i}+c\delta t_{\mathrm{ur}}+I_{\mathrm{ion,ur}}^{i}+T_{\mathrm{trop,ur}}^{i}+\varepsilon_{\phi,\mathrm{ur}}^{i} \tag{4-3}$$

在进行载波相位单差计算后，卫星 i 的钟差 δt^{i} 抵消了，移动站和基准站之间距离较近电离层延时 $I_{\mathrm{trop,ur}}^{i}$ 可以相互抵消，忽略不计，这两个基站基本处于同一高度，两者之间的对流层延时相减后也约等于零。由此，式（4-3）可以简化为

$$\lambda\phi_{\mathrm{ur}}^{i}=\rho_{\mathrm{ur}}^{i}-\lambda N_{\mathrm{ur}}^{i}+c\delta t_{\mathrm{ur}}+\varepsilon_{\phi,\mathrm{ur}}^{i} \tag{4-4}$$

以上是移动站和基准站在同一时刻观测卫星 i 时推动的载波相位单差测量值。同理可得在观测卫星 j 时的载波相位单差测量值为

$$\lambda\phi_{\mathrm{ur}}^{\mathrm{j}}=\rho_{\mathrm{ur}}^{j}-\lambda N_{\mathrm{ur}}^{j}+c\delta t_{\mathrm{ur}}+\varepsilon_{\phi,\mathrm{ur}}^{j} \tag{4-5}$$

由式（4-5）可以组成载波相位双差测量值，即

$$\lambda\phi_{\mathrm{ur}}^{\mathrm{ij}}=\lambda\phi_{\mathrm{ur}}^{\mathrm{i}}-\lambda\phi_{\mathrm{ur}}^{\mathrm{j}}=\rho_{\mathrm{ur}}^{ij}-\lambda N_{\mathrm{ur}}^{ij}+\varepsilon_{\phi,\mathrm{ur}}^{ij} \tag{4-6}$$

在移动站和基准站观测文献时不发生周转且卫星信号不失锁，整周模糊度$N_{\mathrm{ur}}^{\mathrm{ij}}$也就不会发生变化，这时将观测多个卫星组成的若干个双差方程联立，利用加权最小二乘估计法对双差方程中整周模糊度进行计算，即可求得具体值。

4.5.2 无人机自主巡检技术

无人机自主巡检中涉及的最主要问题即航迹规划，即无人机需自行达到巡检任务要求的点位进行拍摄，目前电网企业采用的航迹规划方法主要有两种：一是无人机飞手首先操控无人机进行飞巡，记录飞行轨迹，进而以该轨迹作为后续无人机飞行的轨迹；二是在数字化的三维地图中规划无人机飞行点位。第二种方法是目前无人机精细化巡检主要采用的方法，通常采用的是以激光雷电扫描技术获取输电线路及通道的三维点云数据，人工在点云数据中规划航线，导入到无人机飞控系统中。

在激光点云数据中规划无人机航线时，也多是对部分关键节点进行规划，无法做到起飞至降落间每个点位均进行规划，且受外界环境影响（如风、电磁场）等影响，部分点位间航迹需无人机进行自动优化调整。无人机航迹规划算法较多，部分文献中将其分为传统经典算法和现当代仿生智能方法或多项式寻优算法和启发式算法。主要如下：

（1）Dijkstra 算法（见图 4-16）。迪杰斯特拉算法是由荷兰计算机科学家狄克斯特拉于 1959 年提出，因此又称狄克斯特拉算法，是解决一个点到其他点中最短路径的一种算法，其采用贪心算法的策略，每次遍历到始点距离最近且未访问过的顶点的临近节点，直到扩展到终点为止。

其算法原理是：引入一个辅助数组（D），它每个元素 $D[i]$表示当前所找到的起始点 V 到其他点 $V(i)$的长度。若从 V 和 $V(i)$有连接线，则 $D[i]$为连接线上的权值，否则 $D[i]$为∞。依次计算可得源点到目标点的最短距离。当节点增加后，该算法计算时间增加，效率下降。

（2）人工势场法（见图 4-17）。其是 1986 年 Khatib 提出的一种路径规划算法，主要用于解决机械臂的避障问题。这种算法的主要思想是将目标和障碍物分别看

做对机器人有引力和斥力的物体，机器人沿引力和斥力的合理来进行运动。人工势场$U(q)=U_{att}(q)+U_{rep}(q)$。

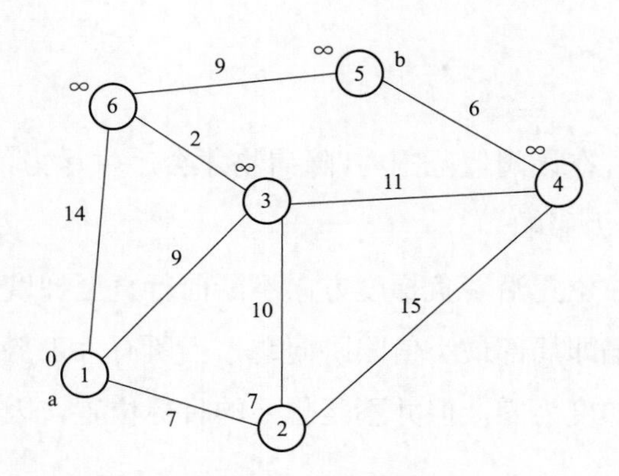

图 4-16 Dijkstra 算法原理

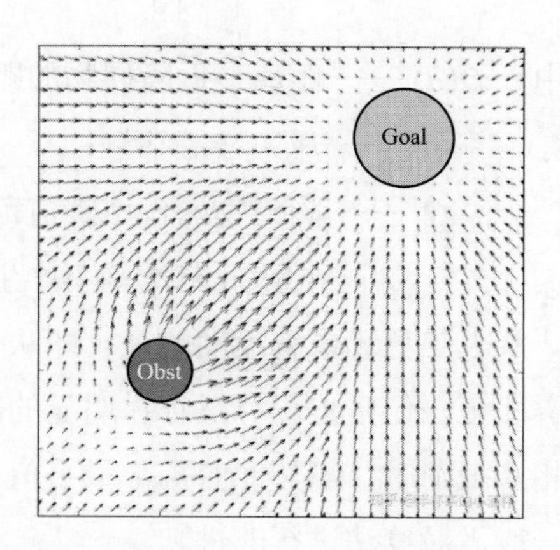

图 4-17 人工势场法原理

最常见的引力场函数为

$$U_{att}(q)=\begin{cases}\dfrac{1}{2}\xi \mathrm{d}^2(q,q_{goal}) & d(q,q_{goal})d\leqslant \mathrm{d}^*q_{goal}\\ \mathrm{d}_{goal}{}^*\xi d(q,q_{goal})-\dfrac{1}{2}\xi(\mathrm{d}^*q_{goal}) & d(q,q_{goal})d>\mathrm{d}^*q_{goal}\end{cases} \tag{4-7}$$

它的梯度为

$$\nabla U_{att}(q)=\begin{cases}\xi(q-q_{goal}) & d(q,q_{goal})d\leqslant \mathrm{d}^*q_{goal}\\ \dfrac{\mathrm{d}_{goal}{}^*\xi(q-q_{goal})}{d(q,q_{goal})} & d(q,q_{goal})d>\mathrm{d}^*q_{goal}\end{cases} \tag{4-8}$$

引力场函数是个分段函数，当$d<d^*_{goal}$时，引力势能的大小与当前位置到目标问题的距离的平方成正比；当$d>d^*_{goal}$时，降低引力计算函数的取值，从而避免远离目标位置时引力过大的问题。

斥力场常用函数为

$$U_{rep}(q)=\begin{cases}\dfrac{1}{2}\eta\left(\dfrac{1}{D(q)}-\dfrac{1}{Q^*}\right)^2, & D(q)\leqslant Q^*\\ 0, & D(q)>Q^*\end{cases} \tag{4-9}$$

它的梯度函数为

$$\nabla U_{\text{rep}}(q)=\begin{cases}\eta\left(\dfrac{1}{Q^*}-\dfrac{1}{D(q)}\right)\dfrac{1}{D^2(q)}\nabla U(q), & D(q)\leqslant Q^*\\ 0, & D(q)>Q^*\end{cases} \tag{4-10}$$

式中 $D(q)$——距离最近障碍物的距离；

η——斥力增益常量；

Q^*——障碍物的作用阈值范围，在该阈值范围内，障碍物才会产生斥力，超出此范围则不产生斥力影响。

从人工势场求解运动路径，即从当前位置沿着负梯度方向不断前行直至梯度为零即可。但是势场算法存在明显的缺陷即局部最小值陷阱问题，当所有人工势场相互抵消时，虽然此时局部最小值点梯度为零，但并不是想要的目标位置，因此一般需对算法进行改进。

（3）A*算法。其是一种很常用的路径查找和图形遍历算法，由 Stanford 研究院的 Peter Hart，Nils Nilsson 以及 Bertram Raphael 于 1968 年发表，它可以被认为是 Dijkstra 算法的扩展。A*算法通过式（4-11）计算每个节点的优先级，即

$$f(n)=g(n)+h(n) \tag{4-11}$$

式中 $f(n)$——节点 n 的综合优先级，当选择下一个要遍历的节点时，需选取综合优先级最高（值最小）的节点；

$g(n)$——节点 n 距离起点的代价；

$h(n)$——节点 n 距离终点的预计代价。

$h(n)$也就是 A*算法的启发函数，在极端情况下，当启发函数 $h(n)$始终为 0，则将由 $g(n)$决定节点的优先级，此时算法就退化成了 Dijkstra 算法。如果 $h(n)$始终小于等于节点 n 到终点的代价，则 A*算法保证一定能够找到最短路径。但是当 $h(n)$的值越小，算法将遍历越多的节点，也就导致算法越慢。如果 $h(n)$完全等于节点 n 到终点的代价，则 A*算法将找到最佳路径，并且速度很快。可惜的是，并非所有场景下都能做到这一点。因为在没有达到终点之前，很难确切算出距离终点还有多远。如果 $h(n)$的值比节点 n 到终点的代价要大，则 A*算法不能保证找到最短路径，不过此时会很快。在另外一个极端情况下，如果 $h(n)$相较于 $g(n)$大很多，则此时只有 $h(n)$产生效果，这也就变成了最佳优先搜索。同时 A*算法搜索自由度低，当搜索空间变大时，A*算法的计算量就会增加，为此国内外学者通过引入危险因子等方法提升算法的运算速度。

（4）遗传算法（Genetic Algorithm，GA）。最早是由美国的 John holland 于 20 世纪 70 年代提出，该算法是根据大自然中生物体进化规律而设计提出的。其是模拟达尔文生物进化论的自然选择和遗传学机理的生物进化过程的计算模型，是一种通过模拟自然进化过程搜索最优解的方法。遗传算法通过计算机模拟运算，将问题的解决过程转化为一种类似于生物进化的选择、交叉和变异。遗传算法鲁棒性好、全局搜索能力强，且易与其他算法结合扩展，但也存在易早熟、局部搜索能力不佳、搜索时间长等问题。

（5）粒子群算法（见图 4-18）。Eberhatr 博士和 Kennedy 博士从鸟类群体觅食中得到启发提出了粒子群算法，其利用鸟类捕食过程中信息共享的特性形成由分散到集中的过程，每个粒子不仅有位置属性，还有速度属性，每个粒子都可以在搜索空间中移动。

假定在 D 维中存在 M 个粒子，也就是粒子群的群体大学是 M，其中粒子在 D 维中的位置参数有 $x_i(k)=[x_{i1}(k), x_{i2}(k), \cdots, x_{iD}(k)]$，速度参数为 $v_i(k)=[v_{i1}(k), v_{i2}(k), \cdots, v_{iD}(k)]$。根据优化问题的代价函数来判断这个粒子当前位置相比于其他历时位置是否更优，当搜索到最优解后，按照式（4-12）和式（4-13）进行位置和速度的更新，即

$$v_i(k+1)=v_i(k)+c_1r_1[p_i(k)-x_i(k)]+c_2r_2[p_g(k)-x_i(k)] \tag{4-12}$$

$$x_i(k+1)=x_i(k)+v_i(k+1) \tag{4-13}$$

式中　k ——迭代次数；

c_1 和 c_2 ——学习因子，表示粒子的个体信息和全局信息对迭代的更新影响，通过信息的交流反馈来调整自身的位置，向潜在的最优位置靠近；

r_1 和 r_2 ——0～1 之间的随机数，主要是增加粒子飞行的随机性。

为进一步改进算法的收敛性，有学者在速度处引入惯性权重 w。

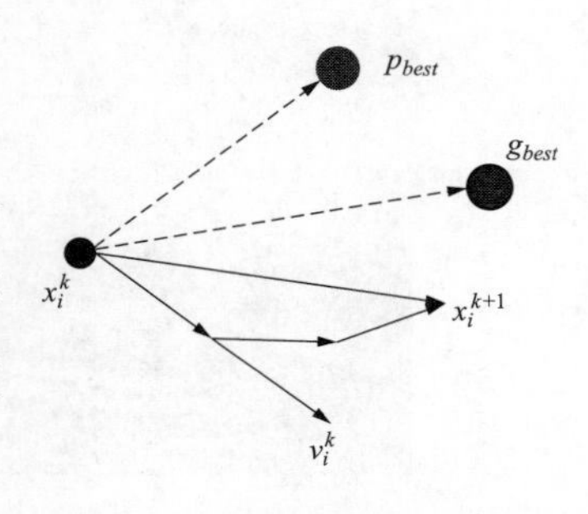

图 4-18　粒子群算法示意图

（6）天牛须搜索。同时相关报道中也采用了天牛须算法（BAS 算法），该算法是姜向远博士于 2017 年提出的一种新型智能优化算法，其是从天牛觅食的过程得到启发。该方法的基本步骤是：

首先，用归一化的随机向量表示天牛须的朝向，从而对搜索行为建模，即

$$f = \frac{\text{rand}(m, l)}{\left\| \text{rand}(m, l) \right\|} \tag{4-14}$$

式中　rand( )函数——随机向量；

m——空间的维度。

其次，分别对天牛寻找食物的过程进行模拟。

$$x_{\text{r}} = x^{\text{t}} + d'f \tag{4-15}$$

$$x_{1} = x^{\text{t}} + d'f \tag{4-16}$$

式中　x_{r}——天牛右须搜索区域的一点；

x_{1}——天牛左须搜索区域的一点；

d' 代表提阿牛的感应距离，该距离需要取一个合适的较大值，从而可以避开局部最优点。

最后，为了模拟搜索行为，需要计算出左右两须感知的适应度函数值，并进行比较，以决定下一步的行进方向和位置。令适度函数为 $f(x)$，由此产生了一个迭代模型

$$x^{t} = x^{t-1} + \sigma^{t} f * sign[f(x_{\text{r}}) - f(x_{1})] \tag{4-17}$$

目前航迹规划算法较多，也逐渐贴近无人机实际运行场景。2018 年 10 月 11 日，在山东聊城“聊长Ⅲ线”现场，山东电力机巡作业中心人员顺利完成了国家电网首次全自主精细化巡检作业（见图 4-19）。在无飞手操控的模式下，无人机在仅仅 10min 内完成 2 基双回杆塔的精细化巡检，同时完成了杆塔关键部位的拍照，拍摄角度、距离控制基本合理，清晰度满足分析要求。

图 4-19　无人机全自主精细化巡检作业

5

输电线路机载多光谱探头联合巡检

5.1 多光谱探头的无人机搭载方法

5.1.1 无人机挂载云台研究现状

无人机在提供空中飞行服务的同时，通过其下方挂载云台，搭载不同类型的传感设备实现对各类目标的有效探测。最初云台一词的定义是安装和固定摄像机的支撑设备，在航拍兴起之前，云台主要指的是用于三脚架和单反相机直接连接的机械构件，主要用于固定相机，使得相机可以进行空间内的多角度调节。随着无人机技术的发展，在一般的军用固定翼飞机上出现了固定式航拍云台，垂直面向地面拍摄，没有运动补偿等维持画面稳定的装置，在消费级无人机面世之前，无人机采用的云台大多是固定式云台，将相机与飞行器固定在一起，通过调整飞机的角度，改变航拍视角，比如大疆的 Phantom 一代等产品。随着运动拍摄及航拍逐渐发展，当相机在移动时，固定云台需要解决的一项难题就是维持画面稳定，消除低频抖动，此时用来增稳的电动云台应运而生，也可称之为稳定云台或增稳云台。

增稳云台的原理是让各轴向上的电机产生适当的反扭，从而抵消平台相对某个方向上的运动。以流行的无刷电机云台为例，通常就是运用姿态传感器将姿态读出，通过云台底部的 IMU，或者直接与云台主控传感器的姿态角进行对比，以得出各个轴需要修正的角度，再通过输出 PWM 信号，使无刷电机迅速做出修正的动作，从而使相机时刻保持水平。常见的电动云台有 2 轴云台和 3 轴云台，3 轴即在水平、俯仰、横滚三个方向均有稳定补偿，2 轴云台由于没有俯仰轴方向的稳定补偿，增稳效果差很多，主要用于低端的无人机（最早期大疆 DJI 精灵上搭载的禅思 H3-2D 即为 2 轴云台）。

目前，全球无人机云台生产厂商较多，北京恒州博智国际信息咨询有限公司出具的行业统计分析报告表明，目前全球范围内无人机云台核心厂商主要包括 UAVamerica、Aerogenix、Hybirdtech、VideoDrone 和 Stratus Aeronautics 等。2021 年，全球第一梯队厂商主要有 UAVamerica、Aerogenix、Hybirdtech 和 VideoDrone；第二梯队厂商有 Stratus Aeronautics、FLIR Systems、CyberTechnology 和 ZODIAC

等。我国无人机云台厂商主要包括深圳市科比特、长光禹辰、南京奇蛙智能、上海双瀛、上海拓攻、大疆创新等。

UAVamerica 公司生产的 USG-301（见图 5-1）是一种集成了索尼全高清摄像头的无人机云台，重 1100g，宽 160mm，高 266mm，与 DJI Lightbridge 2 或 Amimon Connex 兼容，可见光摄像头全高清 30 倍光学变焦，360°（滑环）连续旋转。同时 UAVamerica 公司也推出了 USG-302 等多个系列的无人机云台。

图 5-1　USG-301 无人机云台

Aerogenix 公司生产的 Gremsy S1 V3 是为工业应用生产的一种高精度无人机云台（见图 5-2），重 0.75kg，长×宽×高为 60mm×120mm×75mm，有效荷载 0.75kg，水平转动轴控制：+160°～−160°，倾斜轴控制：+90°～−135°，滚动轴控制：±45°。同时 Aerogenix 公司还生产有 Gremsy T1 等系列的无人机云台。

深圳市科比特航空技术有限公司金眼彪系列云台是搭载高性能光学镜头的无人机云台（见图 5-3），包含 T2、Z33N 等多个型号。以金眼彪 Z33N 为例，其质量为 645g，长×宽×高为 146mm×118mm×184mm，功率 13.6W，控制角度范围为 360°（航向）、120°～30°（俯仰），角度抖动量±0.03°。

DJI 大疆公司目前生产的无人机云台包括禅思 H20N（见图 5-4）、禅思 Zenmuse H20、禅思 P1 等多个型号。以禅思 H20N 为例，其重量（878±5）g，长×宽×高为 178mm× 135mm×161mm，角度抖动量为±0.01°。

5.1.2　无人机挂载云台的抗震增稳技术

无人机飞行过程中由于其抖动问题会造成相机拍摄不清楚的问题，一般造成

图 5-2 Gremsy S1 V3 无人机云台

图 5-3 金眼彪系列云台

图 5-4 禅思 H20N

无人机抖动的原因有三点：一是飞机飞行过程中，螺旋桨高频转动，而螺旋桨的震动无法做到精确同步抵消扰动，因此造成整个机身的震动；二是由于飞机外形的不规则以及飞行过程中不规则的运动轨迹，造成机身在风阻作用下，产生大量不规则的高频抖动；三是由于飞机姿态调整过程中的非匀速运动，会造成其在惯性作用下的低频扰动。当振动传递到云台上时，因为云台的不稳定，使无人机拍摄图像质量模糊失真，所以无人机云台的抗震增稳技术成为无人机技术发展的一大热点。根据增稳技术不同，无人机云台增稳技术可以分为被动式增稳技术和主动式增稳技术两大类。

（1）被动式增稳技术。被动式增稳技术主要采用机械增稳，其是采用减震器和阻尼器隔离载体的振动，吸收大部分高频抖动。按传递方式可分为两类，一类是隔离振源通过支座传至基体的振动，以减小动力的传递，称为主动隔振；另一类是防止基体的振动通过支座传至需保护的设备，以减小运动的传递，称为被动隔振。主动隔振主要是用于无人机本身的制造，对于云台而言，其本身主要考虑被动隔振。

被动式增稳系统可等效为如图 5-5 所示，云台搭载仪器通过减振器（图 5-5

中弹簧和阻尼器）与云台基座相连。基座与无人机相连后受无人机振动而强迫起振，其振动形式与无人机振动一致。假定其振动位移$l_{基座}$为

$$l_{基座} = A\sin\omega_i \mathrm{t}$$

式中 A——振幅；

ω_i——基座振动角频率。

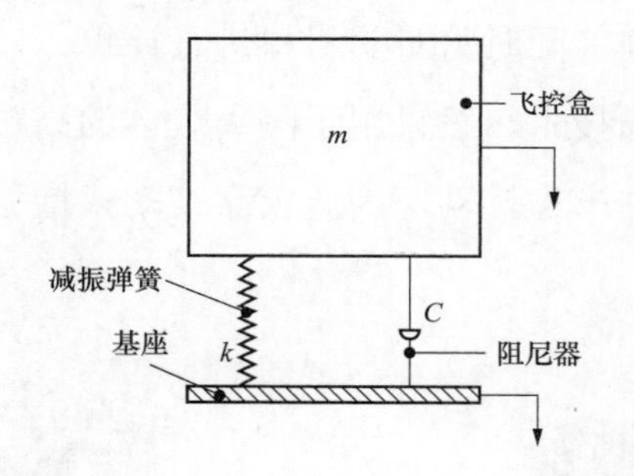

图 5-5 被动式增稳系统等效图

仪器的运动微分方程为

$$m\frac{\mathrm{d}^2 l}{\mathrm{d}t^2} + C\frac{\mathrm{d}(l - l_{基座})}{\mathrm{d}t} + K(l - l_{基座}) = 0 \tag{5-1}$$

式中 m——仪器的质量；

C——阻尼系数；

K——弹簧刚度。

通过对式（5-1）求解，可将仪器振动分解为固有振动和强迫振动两类。固有振动类比于结构体的模态，即外力激发下物体的固有振动特性；强迫振动是无人机振动通过云台传递而至的振动特性，但两者之间非共振，存在一定程度的较差$\Delta\omega$。横拉减振效果的参数定义为减振比（隔振系数），常用η表示，其定义为

$$\eta = \frac{仪器的振幅}{振动源的振幅} \tag{5-2}$$

同时，实现云台的良好隔振应力争 6 个自由度之间的振动不要耦合，并且 6 个自由度的固定频率尽量相近，为使各个振动互不耦合，隔振器的配置应满足如下条件：一是当被隔振物体从其平衡位置沿坐标轴平行移动一定距离时，各隔振器对物体的作用力之合力通过物体的重心。二是当被隔振物体绕某坐标轴转动一微小角度时，各隔振器作用力合成为一力偶，力偶作用平面与该轴垂直。当采用

隔振器安装在被隔振物体重心的平面内，合理选择隔振器的刚度和配置位置，各自由度之间的振动可去耦，隔振效果最佳。根据此理论，在飞控盒重心的平面内均匀安装隔振器。

目前，常用的被动式增稳技术是加装减震球、减震架、减震器等（见图 5-6），但减震措施的加装需开展相关受力仿真，对加装减震措施后云台的振动受力特性进行分析，优化减震措施，同时需对其材料进行计算，以满足长期、安全、可靠运行需求。但被动式增稳技术一般只用于隔离载体的高频低幅振动，经过减震后的低频振动仍然会对视轴产生扰动，因此仅靠被动式增稳技术无法满足云台增稳需求。

（a）　　　　　　　　　　　　　　（b）

图 5-6　部分被动式增稳技术

（a）减震球；（b）减震器

（2）主动式增稳技术。常见的主动式增稳技术有三种：光学增稳、电子学增稳和平台增稳。

1）光学增稳。光学增稳主要是针对光学仪器而言，其是通过对光学系统中的光学元件的控制和稳定来实现视轴的稳定，常用于稳定的元件有折射元件、反射元件以及多种元件的组合。根据稳定元件所在位置又可分为物空间中的稳定方法和像空间中的稳定方法。折射元件常采用的是光楔，采用光楔的物空间稳定方法是基于如下事实：一组光束通过一个角度为 Q、折射率为 n 的光楔，其方向将近似地改变 Q，为实现 Q 可变的变角光楔，可以有三种方法：一是体棱镜法，光楔是一个内有两块玻璃板充满清洁液体的橡胶盒；二是互补透镜法，光楔由配对的曲率半径相同的平凸和平凹透镜组成；三是反向旋转光楔，可变光楔由两个绕额定光轴相反旋转的固定光楔组成，两者的组合运动可达到在锥角内作任意方向的偏转。

2）电子学增稳。采用整体稳定或光学增稳方法需要采用特殊的结构和专用的元件，增加了系统的体积、功耗，使系统变得较为复杂。近年来，随着高性能数字信号处理技术的发展，基于电子学方法的稳定技术受到了各国的重视。图像稳定也就保证了视轴稳定。电子稳像技术的关键就是要准确而实时地找到每一帧图像相对于参考图像的全局运动矢量，然后通过对图像传感器的行、列序号重组，使输出的图像沿运动矢量反向等位移移动，从而达到图像补偿稳定的目的。目前，电子稳像主要有两种方法：一是在光学仪器上设置两个速率陀螺测量瞬时角速率，通过计算机处理并转换成图像运动矢量，然后采用像移补偿技术实现图像稳定；二是完全不用陀螺，而是利用稳定算法，通过先求出图像运动矢量，再进行相移补偿。该方法具有设备简单、成本低廉的特点。

电子稳像技术由于受现阶段技术的限制，只能做到近似的实时输出，且难以适应大幅度振动的情况，因此，该技术只能在某些场合下代替陀螺稳定平台，而在其他场合下，要与陀螺稳定、减震装置等组合使用，并作为进一步提高稳定精度的手段。

3）平台增稳。也有称之为主动式机械增稳，其是通过陀螺等惯性传感器安装于台体上，形成陀螺稳定平台，进而消除平台低频大幅度扰动的一种增稳手段。当环架支撑轴无任何干扰力矩作用时，平台将相对惯性空间始终保持在原来的方位上，当平台因干扰力矩作用而偏离原来的方位时，陀螺敏感平台变化的姿态角或角速率反馈到控制核心，经过一系列算法处理，送出控制量给环架的力矩电机，通过力矩电机产生不成力矩对干扰力矩进行补偿，从而使平台保持稳定，该方法也是目前无人机云台中最常用的一种增稳措施。

云台在振动作用下会有俯仰、横滚、偏航三个方向运动，通过相应力作用可以抵消上述三个方向的运动，也因此将云台分为单轴，两轴和三轴稳定平台。单轴云台智能实现一个轴的云台，如只能绕俯仰轴上下运动的拍摄云台等；双轴云台一般是指能实现水平（左右）和俯仰（上下）动作的云台，可以理解为只能摇头和点头；三轴云台是目前小型无人机中最为常见的云台形式，可以通过对俯仰、横滚、偏航三个轴进行控制来达到空间上的增稳。三轴增稳云台只是实现了其稳定控制的硬件基础，要实现云台增稳，需配备良好的控制策略，特别是由于机体扰动、模型误差、内部力矩耦合等因素的影响，降低了三轴增稳云台的控制精度。为此国内外开展了大量的研究，积累了大量的研究经验，对经典控制方法和先进控制方法进行了改进优化，但目前在实际工程应用中，仍然以经典控制策略为主。

5.2 输电设备缺陷多光谱联合识别

5.2.1 图像拍摄要求

输电设备采用高空架设，绝缘子等输电设备尺寸较大，同时杆塔处结构布置较为紧凑，无人机悬停位置受限，对多光谱巡检带来了困难。

1. 设备要求

（1）无人机应可实现悬停飞行，能满足多光谱拍摄时的稳定性要求。

（2）无人机荷载应满足可见光相机、红外成像仪和紫外成像仪的搭载要求，巡检时应分别开展红外成像仪、紫外成像仪和可见光巡检。

（3）无人机搭载多光谱仪器后飞行时长应不低于 30min。

（4）多光谱仪器像素应足够高，可以自动聚焦，拍摄图谱放大后可清晰识别设备状态。

2. 巡检环境要求

（1）巡检环境包括天气环境、线路走廊环境等。

（2）巡检前应对巡检线路区段环境进行查询，不允许有影响无人机安全飞行的环境。

（3）不应在浓雾、雪、大雨、大风、冰雹等可能影响无人机安全的天气下进行多光谱巡检。

（4）现场风速应符合无人机起飞和飞行条件，无人机飞行过程中不应有较大的波动，不影响多光谱拍摄。

（5）巡检人员应提前熟悉线路走廊环境和线路设备布置情况，针对性地规划航线。

（6）线路走廊不应有加油站、人员密集区等区域，以防止由于无人机坠落引起次生灾害。

（7）线路应在空域管制区之外，并通过空域申请，飞行前在空域管理部门进行报备。

3. 拍摄位置要求

（1）无人机内部电子元件在强电场作用下易出现故障，一般无人机应对输电设备保持一定距离，同时为保证多光谱拍摄效果，无人机应距离设备越近越好。一般500kV线路无人机测试位置应距离设备5～10m范围内。

（2）无人机一般应飞与输电设备等高位置，同时根据拍摄需求，可采用高空俯视和低空仰视拍摄，一般俯视和仰视角度在30°左右。

（3）一般在线路一侧进行多光谱巡检。

（4）绝缘子位于杆塔位置，受杆塔结构复杂的影响，无人机悬停位置受限，可在线路走向上进行拍摄。

（5）对于金具、导线等金属性设备，尺寸较小，一般在1个位置进行拍摄即可，如图5-7和图5-8所示。

（6）对于绝缘子设备而言，一般应至少在2个相差接近180°位置上进行拍摄，有条件的情况下应在4个相差接近90°位置上进行拍摄，如图5-9所示。

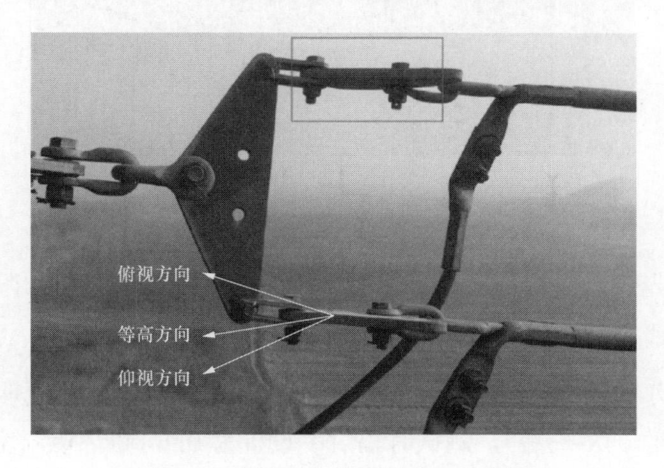

图5-7 金具多光谱拍摄方向示意图

4. 拍摄图像要求

（1）应带无人机悬停后进行拍摄，图像画面应清晰，可清楚分辨图像中设备。

（2）应同时拍摄可见光、红外光和紫外光图谱。

（3）每个位置均应拍摄至少1张图谱。

图 5-8　导线多光谱拍摄方向示意图

图 5-9　绝缘子多光谱拍摄方向示意图

（4）可见光图谱要求：应尽量选取光线较好天气，应避免太阳光直射或设备背光等因素造成设备拍摄位置表面状态分辨不清。

（5）红外光谱图要求：导线、金具等电流致热性设备缺陷表面温升较高（一般热点温度在数十 K 左右），测试时辐射率设置为 0.9，将环境温度、相对湿度、拍摄距离等作为其他补偿参数输入仪器，图像背景应简单、无过热源，可将温升、电平设为自动；绝缘子、相间间隔棒等为电压致热型设备温升较小（复合绝缘子过热点温度不小于 0.5K、瓷绝缘子过热点温度不小于 1K 即为缺陷），测试时硅橡胶绝缘子辐射率设置为 0.95、瓷绝缘子辐射率设置为 0.92，将环境温度、相对湿度、拍摄距离等作为其他补偿参数输入仪器，图像背景应简单、无过热源，调整温升、电平使绝缘子伞裙清晰可见，一般需精确测温，测试时天气为阴天、夜间或晴天日落后 2h，绝缘子表面无反光。

（6）紫外图谱要求：测试时应记录环境温湿度、测试距离等环境信息，现有市场上机载紫外设备灵敏度普遍较低，测试时建议将增益开至最大，如发现测试效果不佳则调减增益；测试时应避免直对太阳、火源、灯泡等可产生紫外线的物体，测试框应涵盖设备放电整个光斑；导线、金具等导体类设备测试无环境温湿度要求，满足仪器和无人机飞行要求即可；绝缘子等绝缘体设备测试时应尽量在大湿度下进行，以保证缺陷部位电场畸变足以引发放电。

5.2.2 典型缺陷识别

可见光、红外测温、紫外放电每种检测技术均有其优越性，也有其缺点。可见光巡检造价低廉，拍摄照片像素较高，应用技术较为成熟，但多仅用于部分尺度较大外部缺陷检测，部分尺度较小缺陷易被忽略，识别难度大。红外测温技术可有效识别设备过热缺陷，特别是对于导体上电流致热性缺陷，如线夹接触不良等。对于绝缘体中电压致热性缺陷，由于温差较小，红外测温效率较低，部分不发热缺陷则无法检测。紫外放电检测技术则只针对设备表面可见放电缺陷，其优点是特征明显，图谱范围内有稳定放电点，缺点是无法发现表面不可见放电缺陷。通过多光谱综合识别，特别是红外测温技术和紫外放电检测技术联合，可实现输电设备绝大部分带电缺陷。

1. 图像识别

拍摄设备多光谱图谱后，首先需对图谱范围内的目标设备进行识别，主要有机器学习和深度学习两种方式。机器学习主要是针对设备的形状和纹理特征进行设计，部分学者提出了霍夫森林算法、改进 Canny 算子、K-means 聚类算法等机器学习算法，针对具体电力设备进行特征提取和识别，但其同样存在检测鲁棒性差、对拍摄角度要求高等缺点。深度学习是通过卷积算法自动提取目标抽象画特征，实现端到端图像识别，其识别精度高、泛华能力强、识别速度快，但对样本需求量大、可解释性差。但是随着无人机和视频监测技术的推广，输电设备巡检视频和图片呈爆发式增加，深度学习的缺点逐渐得到解决，也成为研究的热点。

深度学习的概念是由 G. E. Hinton 等于 2006 年提出的非监督贪心逐层训练算法的基础上，融合了卷积计算、神经网络框架、下采样和自动提取及匹配网络特征的端到端有监督学习框架。电力设备的图像识别主要采用卷积神经网络，其可分为以 R-CNN 为代表的 two-stage 和以 YOLO 为代表的 one-stage 两个流派，R-CNN 系列的原理是通过 ROI 提取出大约 2000 个候选框，然后每个候选框通过一个独立的 CNN 通道进行预测输出。其特点是准确度高，速度慢，所以速度成为它优化的主要方向。YOLO 算法的原理是将输入图谱作为一个整体，通过 CNN 通道进行预测输出，其特点是速度快、准确度低，所以准确度是其优化的主要方向。目前，YOLOv4 已在大幅提升其准确度的基础上，实现了实时监测。两种算法的原理图如图 5-10 和图 5-11 所示。

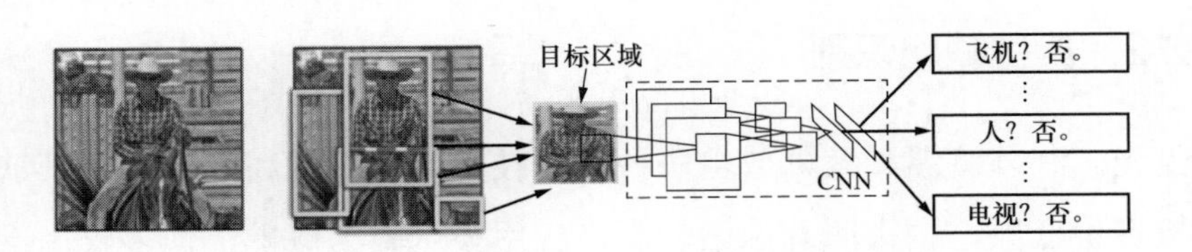

图 5-10　R-CNN 算法原理图

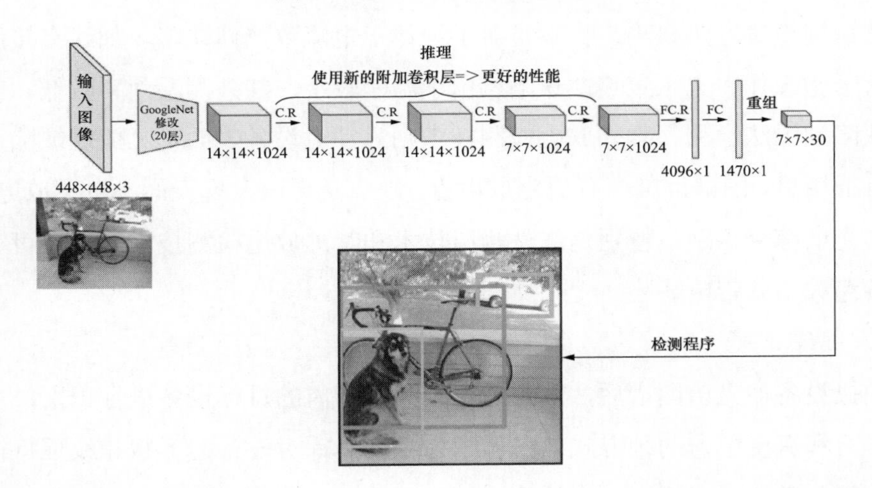

图 5-11　YOLO 算法原理图

目前，上述两种算法在输电设备目标检测中均有不同应用，深圳大学基于 R-CNN 算法实现了输电线路绝缘子、防振锤、三角联板等的有效检测，华北电力大学基于 YOLO 算法实现了绝缘子的有效检测，检测准确率均在 80%左右，华北电力大学的绝缘子识别率最高可达 95%以上，准确率较高，满足工程需要。

2. 特征提取

输电设备多光谱图谱中包含了温度、放电光斑面积等诸多特征量，因此要实现其缺陷的有效识别，需利用数字图像处理技术对多光谱图谱中特征量进行提取。

以下以紫外图谱中光斑面积提取进行举例：

（1）视频截帧。电气设备放电多为间歇性或脉冲性放电，现场巡检人员多采用录制视频的方式进行紫外巡检，此时需根据图像的帧率进行截帧。例如，目前多数紫外成像仪的帧率为 25 帧/s，此时需通过特定软件等将 1s 内紫外视频截取为 25 张紫外图谱。

（2）色彩处理。又称灰度化，位图为点阵图像，它的每一个像素点由 R（红色）、G（绿色）、B（蓝色）三个分量组成。为提高放电光斑与背景的区分度，减少运行量，消除背景干扰，可以利用函数对图像颜色信息进行预处理，灵活调整光斑与背景的对比度。上海工程技术大学通过高斯函数对紫外图谱内置颜色 R、G、B 三通道像素值进行处理，得到其灰度图像。图 5-12 为图像灰度化后的色彩映射灰度图像。

$$f(x) = ae^{-\frac{x-\varphi_i}{2\sigma^2}} \tag{5-3}$$

式中 φ_i ——图像 R、G、B 层中光斑区域的灰度值；

σ ——高斯函数的标准差，调节 σ 值，可以调节光斑区域与周围环境灰度值的对比度，其值越小则对比度越大。

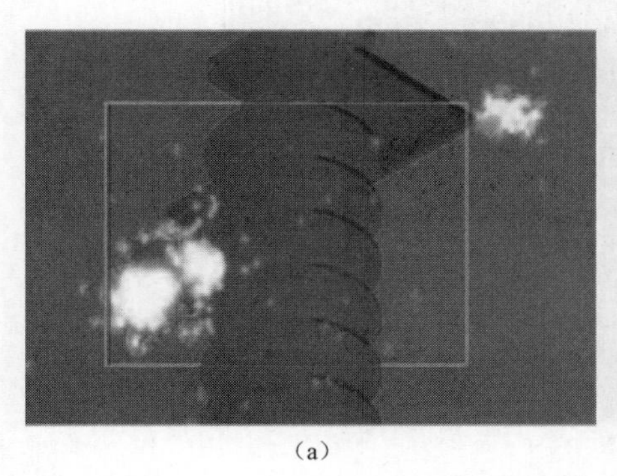
（a）

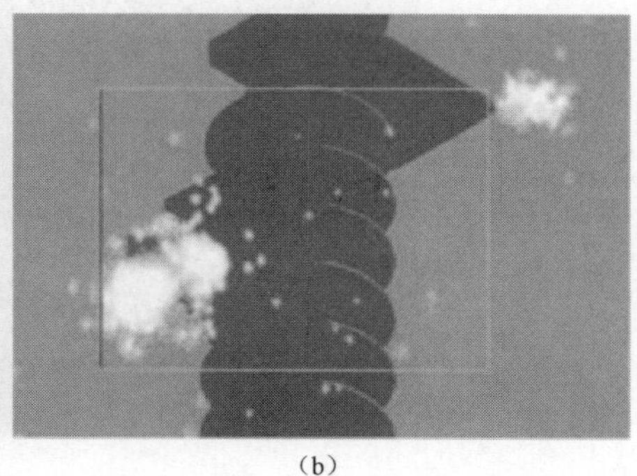
（b）

图 5-12 图像灰度化后的色彩映射灰度图像

（a）$\sigma=50$；（b）$\sigma=90$

（3）图像分割。是将图像中具有特殊含义的区域分割开来，将图像分为若干具有特殊性质的区域并对需要的目标进行处理和转化。该部分所有算法各不相同，以图像阈值分割算法为例，其将灰度化后的图像转化为简单的二值图像，即其认为每个像素不是黑即是白，只有 1 和 0 两种取值，没有过度的灰度。黑色为零，白色为 1，其处理公式为

$$z(x, y)=\begin{cases}0, f(x,y)\leqslant t_0 \\ 1, f(x,y)>t_0\end{cases} \tag{5-4}$$

式中 $f(x,y)$ ——灰度图像中像素点灰度值的大小；

x 和 y ——像素点在图矩阵中的位置；

t_0 ——选择的阈值，在实际执行中需不断调整其取值范围，以保证处理好的图像达到最佳。

（4）形态学滤波。即从紫外图像中分割出设备放电的光斑区域图像，然而紫外图谱中取景框、时间、光子数等信息的灰度值与光斑图像的灰度值非常相近，其即成为图像中的噪声点。因此需对灰度化的图像进行滤波，此时可以通过放电区域的大小尺寸与噪声的差异进行数学形态学上的处理。通过腐蚀与膨胀两个基本操作进行开运算与闭运算，开运算一般能平滑物体轮廓，断开较窄的狭颈并消除洗的突出物。闭运算同样能平滑轮廓的一部分，但与开运算相反，通常会弥合较窄的间断和细长的沟壑，消除小的空洞，填补轮廓线。通过上述操作即可以获得较好的紫外图谱，如图 5-13 所示。

图 5-13 形态学处理后的紫外图谱

（5）光斑区域特征提取。即提取形态学处理后紫外图谱（见图 5-13）中白色区域的面积。其处理方法多种多样，可通过对光斑面积近似为规则图形或计算白色区域像素点的数量两种方式，无论哪种方式均是将光斑作为一种可量化的参数。

3. 缺陷识别

缺陷识别包含缺陷类型判别、缺陷定位和缺陷程度区分三种，目前较为成熟的主要是缺陷类型判别和缺陷定位，对于缺陷程度区分目前可见光和红外测温可以进行一定程度区域，通过紫外成像技术实现缺陷程度对比仍存在较大的技术难题，主要是紫外特征量受众多因素影响，其归一化研究仍是探索阶段，未实现统一共识。

以下以几种常见的缺陷进行介绍：

（1）导线断股、散股。多光谱特征：紫外图谱有明显稳定放电现象，红外图像呈现以导线缺陷处为中心的发热特征，可见光可见铝股断裂或松散。识别和定位流程：紫外发现放电或红外发现过热后，以可见光对放电或发热位置进行精准识别和定位。

（2）导线与金具接触不良。多光谱特征：紫外图谱一般无法可见明显稳定放电，红外图谱呈现以金具为中心的发热特征，可见光无可见缺陷。识别和定位流程：红外发现过热后，紫外和可见光无异常，过热点即缺陷位置。

（3）均压环破损。多光谱特征：紫外图谱一般无法可见明显稳定放电，红外图谱呈现以金具为中心的发热特征，可见光无可见缺陷。识别和定位流程：紫外发现明显放电点后，可见光进行精准识别和定位。

（4）连接不牢固，该类缺陷包含联板螺栓脱落、子间隔棒连接断开等。多光谱特征：紫外图谱有明显放电点，该部分一般无过热，可见光有明显松动特征。识别和定位流程：紫外发现明显放电点后，可见光进行精准识别和定位。

（5）绝缘子积污受潮。多光谱特征：紫外图谱有微弱放电、分布于绝缘子多处伞裙，红外图谱有明显伞裙过热特征，可见光发现绝缘子表面严重积污。识别和定位流程：红外图谱发现过热后，紫外图谱观察有微弱放电或无放电，可见光进行精准识别和定位。

（6）瓷绝缘子零值。多光谱特征：紫外图谱无放电或有微弱放电，红外图谱有明显温度过低点，可见光无可见缺陷。识别和定位流程：红外图谱发现温度过低点后，过低位置即为缺陷绝缘子。

（7）瓷绝缘子低值。多光谱特征：紫外图谱无放电或有微弱放电，红外图谱有明显温度过热点，可见光无可见缺陷。识别和定位流程：红外图谱发现温度过热点后，过热位置即为缺陷绝缘子。

（8）复合绝缘子酥朽。多光谱特征：紫外图谱可见护套部位有放电点，红外图谱在高压端区域有明显温度过热点，可见光可见护套开裂。识别和定位流程：

红外图谱发现温度过热点后，紫外检测发现放电点，可见光进行精准识别和定位。

（9）复合绝缘子护套开裂。多光谱特征：紫外图谱可见护套部位有放电点，红外图谱无明显过热点或温升较小，可见光可见护套开裂。识别和定位流程：紫外检测发现放电点，可见光进行精准识别和定位。护套开裂和酥朽特征相似，但两者温升不一致。

（10）复合绝缘子内部碳化通道。外图谱可见护套部位有放电点或无明显过热点，红外图谱有明显过热点，可见光不可见或可见护套开裂。识别和定位流程：红外测温发现护套部位有过热点，在伞裙中间。碳化通道与酥朽故障相似，但酥朽温升较大，一般 10K 以上为危急缺陷。

参 考 文 献

[1] 兜兜有糖_DC．多旋翼无人机构成及其原理详解［OL］．https://blog.csdn.net/Reign_Man/article/details/107138364.

[2] PyBigStar.R-CNN 原理详解 R-CNN 原理详解 https://blog.csdn.net/qq_42718887/article/details/107744429.

[3] QYR 行业报告．无人机云台-市场现状及未来发展趋势［OL］．https://blog.csdn.net/m0_58954800/article/details/123703549.

[4] 段文双，闫书佳，单鸿涛，等．高压设备放电紫外图像光斑区域特征提取［J］．计算技术与自动化，2022，41（01）：129-135.

[5] 刘云鹏，董王英，许自强，等．基于卷积神经网络的变压器套管故障红外图像识别方法［J］．高压电器，2021，57（10）：134-140.

[6] 欧阳拳均．绝缘子紫外成像法及其图像处理系统的研究［D］．东南大学，2015.

[7] 贺博．高压污秽绝缘子闪络机理及在线监测和风险预警中关键技术研究［D］．西安：西北工业大学，2006.

[8] 贺博，林辉．高压绝缘子污闪过程特征量的分类和判别［J］．高压电器，2006，42（3）：168-172.

[9] 徐建源，滕云，林莘，等．基于双重人工神经网络的 XP-70 绝缘子串污闪概率模型的建立［J］．电工技术学报，2008，23（2）：23-27，47.

[10] 陈涛．基于非接触式的劣化绝缘子检测方法的研究［D］．重庆大学，2006.

[11] 丘军林．气体电子学［M］．武汉：华中理工大学出版社，1999.

[12] 张谷令．应用等离子体物理学［M］．北京：首都师范大学出版社，2008.

[13] 赵青．等离子体技术及应用［M］．北京：国防工业出版社，2009.

[14] 张海峰，庞其昌，陈秀春．高压电晕放电特征及其检测［J］．电测与仪表，2006，43（2）6-8.

[15] 赵文华，张旭东，姜建国，等．尖一板电晕放电光谱分析［J］．光谱学与光谱分析，2003，23（5）：955-957.

[16] 黎振宇．输变电设备外绝缘放电紫外成像检测方法研究［D］．重庆：重庆大学，2016.

[17] 王胜辉．基于紫外成像的污秽悬式绝缘子放电检测及评估［D］．华北电力大学，2011.

[18] 傅晨钊，肖嵘．紫外电晕检测技术及在输电线路绝缘子检测中的应用［C］//全国架空输电线

路技术研讨会．2009．
[19] 武建华．基于紫外成像的高压电气设备外绝缘检测的研究［D］．华北电力大学（保定），2008．
[20] 陈磊．基于紫外成像特征量的绝缘子放电检测的研究［D］．华北电力大学（河北），2010．
[21] 胡伟涛，王胜辉．浅谈紫外检测仪检测电晕放电的影响因素［J］．华北电力技术，2009（1）：6-9，13．
[22] 傅晨钊，周建国，肖嵘．紫外电晕检测仪检测线路绝缘子的模拟试验［J］．华东电力，2005，33（6）：6-9，13．
[23] 王胜辉，冯宏恩，律方成．电晕放电紫外成像检测光子数的距离修正［J］．高电压技术，2015，41（1）：194-201．
[24] 马斌，周文俊，汪涛，等．棒-板模型交流电晕放电紫外数字图像处理及其应用判据［J］．电力系统自动化，2008，32（24）：74-79．
[25] 田迪凯，罗日成，张宇飞，等．基于紫外成像检测技术的不同检测距离下光子数的修正［J］．电气技术，2021，22（2）：30-35．
[26] 律方成，戴日俊，王胜辉，牛英博．基于紫外成像图像信息的绝缘子表面放电量化方法［J］．电工技术学报，2012，27（2）：261-268．
[27] 王舒平．简析智能机器人在输电线路巡检中的应用［J］．中国设备工程，2022（17）：43-45．
[28] 凌永鹏．输电线路在线视频监测系统的设计［J］．集成电路应用，2022，39（08）：132-133．
[29] 张昊洋，张国春，秦志勇．无人机电力自主巡检技术应用与分析［J］．农村电气化，2022（07）：51-53．
[30] 袁健．无人机在高压输电线路巡检中的应用［J］．电子技术，2022，51（06）：154-155．
[31] 陈世毅．基于机器视觉的巡检机器人［D］．中原工学院，2022．
[32] 付强．双轮夹输电线路巡检机器人的系统研发、分析和实验验证［D］．广东工业大学，2022．
[33] 王军龙，施俊，陈友宏，陈克鹏，汤乐招，李泽鹏．输电线路在线监测系统的设计与实现［J］．电子技术，2022，51（03）：106-109．
[34] 余斌，周晨，冈年，陈伟，郑睿，李文，戴虎．一种可通过耐张线夹的电力线路巡检机器人［J］．装备制造技术，2022（03）：91-94+114．
[35] 田娜，何同弟，朱志斌，张鹏，刘炜．智能机器人在输电线路巡检中的应用［J］．集成电路应用，2021，38（12）：198-199．
[36] 徐瑞．输电线路直升机/无人机机载摄像机巡检视频电子稳像方法研究［J］．电气时代，2021（08）：32-34．

[37] 王新月．融合卫星影像的输电线路无人机巡检方法研究［D］．华北电力大学（北京），2021.

[38] 陈兴志．基于无人机电力巡检的电力线检测研究［D］．广西大学，2021.

[39] 王定松．基于无人机的输电线路立体巡检系统设计及图像处理研究［D］．扬州大学，2021.

[40] 曹举．输电网视频在线监测及告警系统的软件设计与实现［D］．电子科技大学，2021.

[41] 吴昊屿，张佩佼，郭呼和，张玉昆，朱博．直升机航检作业在线路状态检修中的应用［J］．机电信息，2020（32）：27-28.

[42] 刘姜钧泰，秦丞．输电线路智能巡检机器人系统的研发及应用［J］．电子技术与软件工程，2020（08）：216-217.

[43] 黄山，吴振升，任志刚，刘弘景，桂媛．电力智能巡检机器人研究综述［J］．电测与仪表，2020，57（02）：26-38.

[44] 刘志颖，缪希仁，陈静，江灏．电力架空线路巡检可见光图像智能处理研究综述［J］．电网技术，2020，44（03）：1057-1069.

[45] 唐芳．基于 LBS 的电力巡检系统设计与实现［D］．电子科技大学，2019.

[46] 吴立远，毕建刚，常文治，杨圆，弓艳朋．配网架空输电线路无人机综合巡检技术［J］．中国电力，2018，51（01）：97-101，138.

[47] 徐云鹏．金中直流高海拔线路直升机巡检可行性探讨［J］．广西电力，2017，40（04）：31-34.

[48] 李想．直升机在蒙西电网 500kV 输电线路巡检中的应用［D］．华北电力大学，2017.

[49] 蒋涛，蔡富东，杨学杰，李思毛．输电线路通道可视化远程巡检探讨与实践［J］．中国电力，2016，49（11）：42-45.

[50] 刘贞瑶，韩学春，康宇斌．直升机巡检在 500kV 及以上输电线路中的应用［J］．江苏电机工程，2015，34（01）：50-51+55.

[51] 吴扬，黄瑛，董捷，潘伟峰．无人直升机输电线路巡检在宁夏电网的应用［J］．宁夏电力，2012（05）：24-26+40.

[52] 何鹏杰，赵晓锋，秦严．超（特）高压输电线路直升机巡检应用［J］．山西电力，2012（03）：7-10.

[53] 李力．无人机输电线路巡线技术及其应用研究［D］．长沙理工大学，2012.

[54] 厉秉强，王骞，王滨海，张海龙，韩磊．利用无人直升机巡检输电线路［J］．山东电力技术，2010（01）：1-4.

[55] 李维赞．输电线路巡检机器人智能控制系统研究与设计［D］．山东科技大学，2008.

[56] 赵晶．基于 GPS/GIS 技术的电力线路巡检管理系统的研究［D］．哈尔滨理工大学，2006.

[57] 魏振中. 超高压输电线路智能巡检机器人的视觉监控系统研究 [D]. 沈阳工业大学，2004.

[58] 彭闯. 输电线路无人机巡检图像中电力部件识别方法研究 [D]. 重庆理工大学，2020.

[59] DL/T 1722—2017. 架空输电线路机器人巡检技术导则 [S]. 北京：国家能源局，2017，08，02.

[60] ZHANG Zhanlong，Li Bing，Yang Ji，et al. On-Line Monitoring System of Electric Power Line Guard Against Theft by Micro Wave Induction [J]. Automation of Electric Power Systems，2006，30（22）：93-95.

[61] HUANG Xinbo，OU YANG Lisha. The Application of Icing On-Line Monitoring Technology in 1000kV Ultra-High Voltage Transmission Lines [C] //2010 International Conference on E-ProductE-Service and E-Entertainment（ICEEE），November 9-11，2010，He-nan：China，2010：1-4.

[62] HUANG Xinbo，HUANG Guanbo，ZHANG Yun.Designation of an On-line Monitoring System of Transmission Line's Galloping[C]//The Ninth International Conference on Electronic Measurement & Instruments，July 5-7，2009，Beijing：China，2009：655-659.

[63] 凌永鹏. 输电线路在线视频监测系统的设计 [J]. 集成电路应用，2022，39（08）：132-133.

[64] 曹举. 输电网视频在线监测及告警系统的软件设计与实现 [D]. 电子科技大学，2021.

[65] 孙凤杰，赵孟丹，刘威，范杰清. 架空输电线路在线监测技术研究 [J]. 南方电网技术，2012，6（04）：17-22.